碾压混凝土坝工作性态演变分析方法研究

陈旭东　顾冲时　霍中艳　著

黄河水利出版社
·郑州·

内 容 提 要

本书综合运用材料力学、能量理论以及先进的数学方法，通过理论分析、数值模拟、力学试验相结合的手段，深入研究了碾压混凝土坝工作性态演变分析方法，主要研究内容包括绪论、碾压混凝土坝层内参数渐变特性及等效分析方法、碾压混凝土坝渗流演变分析及状态判别方法、碾压混凝土坝变形演变分析方法、碾压混凝土坝工作状态变化区间分析方法、总结与展望。

图书在版编目(CIP)数据

碾压混凝土坝工作性态演变分析方法研究/陈旭东，顾冲时，霍中艳著.—郑州：黄河水利出版社，2019.11

ISBN 978 -7 -5509 -0938 -0

Ⅰ.①碾…　Ⅱ.①陈…②顾…③霍…　Ⅲ.①碾压土坝 - 混凝土坝 - 分析方法　Ⅳ.①TV642.2

中国版本图书馆 CIP 数据核字(2019)第 274495 号

组稿编辑：李洪良　电话：0371 -66026352　E-mail：hongliang0013@163.com

出 版 社：黄河水利出版社　网址：www.yrcp.com

地址：河南省郑州市顺河路黄委会综合楼 14 层　邮政编码：450003

发行单位：黄河水利出版社

发行部电话：0371 -66026940、66020550、66028024、66022620(传真)

E-mail：hhslcbs@126.com

承印单位：虎彩印艺股份有限公司

开本：850 mm×1 168 mm　1/32

印张：4.5

字数：130 千字　印数：1—1 000

版次：2019 年 11 月第 1 版　印次：2019 年 11 月第 1 次印刷

定价：35.00 元

前　言

经过40多年的发展,碾压混凝土坝已成为世界坝工建设领域发展最快的新坝型之一,尽管目前人们对碾压混凝土坝安全运行等方面做了大量分析和研究工作,但由于筑坝历史相对较短以及碾压混凝土坝的结构较为复杂,对碾压混凝土坝工作性态演变分析方法的理论研究还不够深入。碾压混凝土坝采用层层碾压的筑坝技术,使得碾压层内的力学性质具有渐变特性,对这种渐变特性的研究是了解碾压混凝土坝力学特性的前提,也是碾压混凝土坝工作性态演变分析的基础。同时,碾压混凝土坝结构与常规混凝土坝不同,因此研究渗流和变形随时间的变化规律,对全面掌握碾压混凝土坝的工作性态变化十分重要;碾压混凝土坝工作状态变化分析中具有诸多不确定性因素,提出有效的工作状态变化分析方法,也是坝工界迫切需要解决的热点问题。

本书在国家自然科学基金项目“碾压混凝土坝力学特性与安全监控方法研究(No. 51079046)”、江苏省普通高校研究生科研创新计划项目“碾压混凝土坝渐变力学特性与安全监控方法研究(No. CXZZ11_0443)”等资助下,研究了碾压层内参数渐变分布形式,探讨了碾压混凝土坝渗流和变形的影响因素、演变分析模型和状态判别方法,提出了碾压混凝土坝工作状态变化的区间分析方法。其主要创新性成果有:

(1)从碾压混凝土坝的特点出发,基于现场试验数据,分析了激振力对碾压层内密度的影响及渐变规律,提出了碾压层内力学参数密度平方指数渐变分布模型,并在此基础上,研究了碾压层弹性模量、渗透系数等参数渐变分布规律及等效分析方法,建立了等效参数和渐变参数之间的关系式。

(2)提出了碾压混凝土层层面厚度和渗透系数的确定方法;建立了碾压混凝土坝渗流演变分析最小二乘小波支持向量机模型,并对该模型的残差序列进行相空间重构,据此提出了采用相空间中邻近点之间的距离来表征碾压混凝土坝渗流演变的方法。

(3)在对碾压混凝土坝结构特性研究的基础上,开发了综合反映碾压混凝土坝层面影响的有限元结构分析程序;采用分形维数表征了碾压混凝土坝变形演变过程中的分形特征,基于分形插值函数,提出了分析碾压混凝土坝变形变化趋势的方法及相应的变形状态判别方法。

(4)引入区间数理论,采用区间形式的数据对碾压混凝土坝工作状态变化分析中的不确定性进行描述和度量,研究了分析指标和指标权重的区间数表示方法及区间数指标的无量纲化方法,建立了多层次碾压混凝土坝工作状态变化区间分析模型。

作 者

2019 年 4 月

目　录

第 1 章　绪　论

1.1　研究的目的和意义

碾压混凝土坝(Roller Compacted Concrete Dam,简称 RCCD)将常态混凝土坝的结构特点和碾压土石坝的施工工艺相结合,集合了混凝土坝体积小、强度高、防渗性能好和土石坝快速施工的优点。碾压混凝土筑坝的概念由美国加州大学伯克利分校的 J. M. Raphael 教授于 1970 年在“最优重力坝”论文中提出,他建议将土石坝的碾压施工方法引用到常态混凝土坝的建设中,以提高施工速度和节约水泥用量,这一概念引起了世界坝工界专家的关注和研究。1980 年,日本兴建了世界上第一座碾压混凝土坝——岛地川(Shimajigawa)大坝,此后,碾压混凝土筑坝技术在世界各国得到了快速推广和应用,并逐渐被用于高坝建设中。目前,世界范围内的碾压混凝土坝已超过 380 座(坝高 15 m 以上),坝高最高的是中国的黄登大坝,巴基斯坦拟建的 Diamer-Bhasha 大坝坝高为 272 m,建成后将成为世界上最高的碾压混凝土坝。

我国碾压混凝土筑坝技术于 1983 年开始研究试用。1984 年 9 月,国家计委批准将“福建坑口水电站碾压混凝土筑坝技术”列为国家工业性试验项目,1985 年 11 月,我国第一座碾压混凝土坝——福建坑口重力坝开工,该坝采用不分缝、全断面薄层碾压、高掺粉煤灰、低水泥、低温铺筑、连续浇筑上升和沥青砂浆防渗的施工方式,1986 年 4 月基本完成坝体碾压混凝土部分的施工,并于 7 月下闸蓄水。坑口水电站的建成是我国碾压混凝土筑坝技术从试验研究阶段走向应用阶段的重大转折点,它的建成经验在国内很快引起了反响,并被积极推广应用。我国陆续建成了岩滩、棉花滩、索风营、龙滩等碾压混凝土重力坝,以及沙牌、石门子、白莲崖等碾压混凝土拱坝,云南金沙江中游的金安桥碾压混凝土坝和澜沧江中下游的景洪碾压混凝土坝也已成为“西电东输”项目骨干工程。

综合国际、国内的建设经验,碾压混凝土坝近些年的发展有如下特点:

(1)兴建碾压混凝土坝的国家逐渐增多;

(2)碾压混凝土坝的坝高逐渐增高;

(3)由碾压混凝土重力坝向拱坝发展;

(4)高掺火山灰、粉煤灰,少用水泥;

(5)采用斜层平推铺筑法;

(6)采用混凝土面墙模板技术。

由于碾压混凝土坝层层碾压的筑坝技术,碾压层内的力学性质具有渐变特性,这种渐变特性的研究是了解碾压混凝土坝力学特性的重点和要点,也是碾压混凝土坝工作性态分析研究的基础。碾压层平行于层面和垂直于层面方向的不同特性对坝体渗流和变形的影响,是碾压混凝土坝工作性态的重要方面,这种各向异性特点使得碾压混凝土坝的工作性态与常规混凝土坝不同,研究渗流和变形性态的演变过程,对全面了解碾压混凝土坝工作性态是非常必要的。碾压混凝土坝在服役过程中,其工作状态不断发生变化,研究科学合理的工作状态变化分析方法,也是保证碾压混凝土坝安全运行的关键技术难点。因此,深入研究碾压混凝土坝工作性态演变分析方法,对促进碾压混凝土筑坝技术的推广和应用具有重要意义,同时能辅助碾压混凝土坝的日常运行维护,为碾压混凝土坝的高效、安全运行提供技术支持。

1.2 国内外研究进展

1.2.1 碾压混凝土坝力学参数

对于碾压混凝土坝力学参数的分析方法,目前主要有三种:等效分析法、单独考虑层面分析法和成层结构分析法。等效分析法是借鉴节理岩体分析的思路,利用等效的原理,模拟碾压混凝土坝在宏观上表现出的各向异性特征。等效分析法又分为等效模量方法、变形等效方法、能量等效方法、渗流等效方法。等效模量方法提出了一种均质横观各向同性体等效连续模型，根据等效连续模型计算的宏观位移场，进行局部夹层应力计算。该模型精度较高，且方法简单，工作量大大减少，但对于含多个薄弱面的代表性单元，该等效连续模型需要对这些单元的等效模量分别计算。采用有限元法对整体结构计算分析时，需要剖分大量网格，一方面会加大网格剖分和计算的工作量；另一方面可能会因网格数量太多导致求解不收敛问题，这是该方法的不足之处。为弥补这种不足，将碾压混凝土的层面采用无厚度的节理单元进行模拟，采用等效连续本构模型，对碾压混凝土层间真实应力进行估算。能量等效方法是把层状结构体等效为横观各向同性体，建立连续等效分析模型，利用等效分析模型的计算结果，分别计算本体和层面的变形参数，这种做法可以大大减少计算量。渗流等效方法是根据渗流连续原理，利用渗流量等效，将层面渗流视为层流状态，用立方定律描述其性状，利用试验来确定本体和层面的渗透系数，这种分析方法在实际应用中尚在研究之中。这些等效方法计算相对简单，但将层面特征概化到等效体中，缺少对层面特性的了解和研究。

碾压混凝土坝的分层施工特点决定了碾压混凝土坝有几十个甚至几百个碾压层，对这种层状结构进行数值模拟时，可以根据实际碾压过程，把结构离散成若干有限元单元，单独考虑层面进行分析。非均匀单元方法是把阶梯型分布的材料特性参数简单近似地表示成单元局部坐标的连续函数，考虑了碾压层与混凝土龄期相关的弹性模量的非均匀性，以及层面对结构受力变形的影响；薄层单元法是采用薄层单元模拟施工层面的性质，建立三维有限元程序，对层面参数进行分析和反演分析；无厚度缝面单元法是采用无厚度的缝面单元模拟层面，在不增加网格节点的前提下，描述层面和缝面的特点，并且能够模拟具有强透水能力的冷缝或裂缝；虚单元法与浮动网格法结合，可以在有孔区域通过网格的浮动进行计算，既能保证计算精度，又可以提高计算效率。将层面单独考虑的方法能在一定程度上反映碾压混凝土坝的层面特性，理论上讲这种方法比概化层面处理的等效法合理，但这种分析方法在层面厚度等层面计算参数的确定方面比较困难,还不能做到参数的客观确定。

成层结构分析法的主要思想是把碾压混凝土材料属性相近的多层混凝土合并成一层,用统一划分的大单元取代原来的小单元,单元的材料属性按一定方法确定。比如,根据混凝土变形特征与龄期的关系,把混凝土坝分为不同区域,上部分层计算,下部则根据混凝土的龄期把几个浇筑层合并成一个并层体,使原来的一二百层,减少到十层左右;利用有限差分法、界面元法或无限差分法,将碾压混凝土坝按成层结构进行模拟分析。这些计算方法理论上计算精度较高,但在实际应用中存在如何确定计算参数和边界条件等问题,采用不同方法确定的计算参数和边界条件,其计算结果差别也较大。

总体而言,在碾压混凝土坝的层面参数研究方面,不少学者付出了努力,并取得了一些成果,然而这些成果中有的是概化了层面影响的,有的是针对施工层面的,而对于碾压混凝土坝碾压层内的参数渐变特性及其分析方法还有待进一步研究。

1.2.2 碾压混凝土坝渗流分析

就目前碾压混凝土坝的施工方法和工艺水平而言,层面的存在使碾压混凝土的抗渗性低于普通混凝土。同时,层面的存在使得碾压混凝土坝在宏观上具有渗透各向异性的特点,普定和龙滩碾压混凝土坝现场压水试验结果表明,渗透系数各向异性比平均达 3 ~4 个数量级。虽然通过控制层面施工间隔时间、适当增加胶凝材料用量等方法来提高层面的结合质量,但渗透系数各向异性的特征仍然存在。对于碾压混凝土坝的层面渗流,在数值分析时多采用缝隙流层流立方定律来描述,认为渗流行为主要与层面的水力隙宽、粗糙度、连通率、层面应力应变特点以及加载历史有关。同时,由于垂直于层面和平行于层面的弹性模量不同,使得碾压混凝土坝的应力与常规混凝土坝不同,具体分析时还需要采用不同的弹性模量来考虑层面对坝体应力的影响,这是因为在碾压混凝土坝实际运行过程中,渗流和应力是相互影响的,只有考虑二者的相互作用,才能使渗流和应力的分析更为客观。

岩土工程界对渗流和应力的相互作用进行了大量的研究,并得到了成功的应用,总的研究思路有三种:①根据渗流应力耦合试验得到渗透系数与应力、应变关系的经验关系式;②根据已有的耦合试验研究成果假定耦合特性的函数形式,采用力学方法推导函数形式中各变量的具体表示方法,确定耦合特性关系式;③以各类模拟渗透现象的物理模型为基础,利用力学理论建立耦合关系式。关于碾压混凝土坝渗流和应力耦合的研究相对较少,任旭华利用变分原理对碾压混凝土坝渗流场和应力场耦合分析的弹塑性模型进行了研究,探讨了应力、水头对碾压混凝土渗透特性的影响。顾冲时等研究了碾压混凝土坝渗流场和应力场耦合作用模型,提出了确定层面影响带厚度和相应物理力学参数的方法,建立了联合求解渗流场和应力场的有限元计算模型,并编制了相应的求解程序。苏波对碾压混凝土坝的渗流场和应力场进行了分析,指出碾压混凝土坝由于层面存在,渗流场等势线分布与常规混凝土坝有明显不同,当水荷载以渗流体积力施加时,坝踵产生的拉应力大于以面力施加时产生的拉应力,对坝体抗裂不利。柴军瑞等结合渗流力学和结构力学,研究了碾压混凝土坝渗流和应力的相互作用,应用裂隙流(满足立方定律)理论来模拟碾压混凝土坝层面渗流与坝体应力相互影响的耦合机制,探讨了渗流场与应力场耦合分析的数学模型及其有限元数值解法。吴相豪对黏弹性、黏弹塑性问题的渗流场和应力场进行了研究,当应力状态没有达到初始屈服条件时,不产生黏塑性应变,当应力满足屈服条件以后,除产生黏弹性应变外,还将产生黏塑性应变,渗流场和应力场耦合的黏弹塑性模型既考虑了混凝土及基岩的蠕变时间效应,又顾及了渗流效应对坝体应力场的影响,计算模拟的情况更切合实际。

碾压混凝土坝渗流场除受应力场的影响外,还受温度场的影响,在这方面,有学者研究了温度场的仿真分析方法和多场耦合分析模型。Kuzmanovic V 等研究了碾压混凝土坝非稳定分阶段热应力分析的三维数值模拟方法,首先计算温度场,然后将其作为黏弹性应力应变分析的荷载。Jaafar M S 等采用自编的有限元程序对碾压混凝土坝施工期温度应力进行了仿真分析,指出可以通过改变升程优化温度场。Malkawi

A 等在对某碾压混凝土坝的温度应力进行分析的基础上，提出了温度裂缝的控制措施。Li L C 等研究了渗流场、应力场与损伤场相互耦合作用的并行有限元计算技术，与普通有限元算法相比，缩短了计算时间。柴军瑞研究了某碾压混凝土坝稳定渗流场和稳定温度场的耦合作用，指出温度场和渗流场的耦合作用使得温度场温度降低、渗流场水头升高。刘学昆研究了碾压混凝土坝温度场、应力场、渗流场的直接耦合和间接耦合方法，重点对温度场和渗流场耦合作用下的应力进行了分析。霍中艳研究了温度场、应力场和渗流场耦合作用的扩展有限元法，推导了稳定温度场和稳定渗流场的扩展有限元离散方程，建立了三场统一加强结点模型。

目前，对碾压混凝土坝的渗流安全监控模型研究相对较少。吴中如等利用渗流监测资料，采用薄层单元模拟碾压层面的影响，根据裂隙岩体渗流分析的三维等效连续介质模型，建立了渗流计算模型。顾冲时等探讨了碾压混凝土坝渗漏安全监控模型的建立方法，针对库水压力对碾压混凝土坝渗流变化的作用滞后问题，研究考虑库水压力滞后作用的等效水头表达式，并根据碾压混凝土坝含有层面的特点，分别建立碾压混凝土坝本体和层面渗漏的各个影响分量的表达式。顾冲时等还提出了碾压混凝土坝的空间渗流安全监控模型，引入空间三维坐标变量，将单测点的安全监控模型扩展到空间状态，不仅能反映未安装测点部位的信息，还能将各个测点的监测信息联系起来，从而能综合反映大坝的渗流状况。这些基于实测资料的渗流安全监控模型，有些是将层面的影响概化到整个大坝中，未能突出层面对整个大坝渗流的影响。对于渗流演变规律的研究，现有文献很少涉及。张乾飞研究了渗透系数的演化特点，以及在帷幕、排水条件下渗流场的转异特征，指出可以采用渗流监控模型、监控指标、渗透系数时序变化来反映渗流场的演变规律。娄一青提出了渗透系数反演分析的最大熵方法，以及随机有限元分析方法，指出采用反演得到的渗透系数变化规律表示渗流场的变化。

1.2.3　碾压混凝土坝变形分析

碾压混凝土坝含有众多的施工层面，层面性态的好坏直接关乎碾压混凝土坝的质量,也对碾压混凝土坝的变形产生重要影响。目前公开发表的文献中,对层面结合性能的研究主要有:A. C. Bettencourt Ribeiro等对碾压混凝土坝施工层面的抗拉强度进行了研究,指出施工层面的抗拉强度小于普通混凝土。Gama H R 等研究了碾压混凝土坝的质量控制,尤其是施工中碾压混凝土压实性的控制方法。A. Karimpour等研究了浇筑层之间的时间间隔对碾压混凝土坝性能的影响,随着时间间隔的增加渗透系数也会变大。Carvajal C 等采用一阶可靠度分析方法和 Monte Carlo 模拟方法对碾压混凝土抗剪强度进行了研究,基于测试数据对层面抗剪强度进行了统计分析、空间尺度分析,并建立了分布曲线的物理公式。Marques J 等采用实验室和现场数据研究了层面的抗拉强度、抗压强度、抗剪强度。黄恩福等通过试验研究了拌和时间对碾压混凝土的均匀性和力学特性的影响,指出延长拌和时间可以增加碾压混凝土的和易性、黏聚性和塑性。曹楚生等提出了碾压混凝土坝施工中的微坍落度混凝土技术,在保留原零坍落度混凝土优点的基础上,微坍落度技术使得相邻碾压混凝土的力学和热学性能指标更加相近,抗裂性能提高。胡建平从施工方法和施工过程等方面对层面黏结性能的影响因素和评价方法进行了研究,采用初凝时间和实测贯入阻力快速判断施工层面碾压混凝土的凝结性态,为了提高层面性能,当层面的暴露时间超过允许时间时,必须进行层面处理后再铺另一层混凝土,同时层面刷水泥浆可使层面的抗渗性能得到提高。此外,斜层平推铺筑法能更充分地发挥碾压混凝土的施工优势,提高碾压混凝土的质量。王迎春从材料角度对层面结合特性和层面质量控制进行了研究,结果表明,碾压混凝土的质量与水泥、粉煤灰、外加剂以及骨料的配合比有关。陈龙从探讨层面性态的评价指标着手,提出评价指标体系构建的主成分分析方法,建立了层面性态模糊综合评判模型,指出层面性态影响因素众多,如弹性模量、渗透系数、抗拉强度、抗压强度、摩擦系数和凝聚力等,据此建立了层面性态评价的指标体系,并确定各指标的权重,最终得到层面性态的评价结果。李波研究了评价指标的主观、客观和组合赋权法,并提出了多层次云模型综合评价方法,通过对底层评价指标的云模型转换和虚拟云中综合云的计算,建立了碾压混凝土坝层面性态的多层次云模型综合评价模型。

碾压混凝土坝变形分析主要有两类:一类是对层面的变形分析,另一类是对碾压混凝土坝整体的变形分析。对于层面的变形分析,现有文献研究较少,主要有 Chongshi Gu 等提出的碾压混凝土坝施工层面变形分析模型,其根据层面不同阶段变形的特点,建立了层面有厚度和无厚度分析模型,较为客观地模拟碾压混凝土坝的结构性态变化。牛景太等根据施工层面的变形特点,提出了各向异性蠕变损伤分析模型。对于碾压混凝土坝的整体变形分析,刘光廷等研究了碾压混凝土拱坝在未灌浆前出现洪水时变形重分布的情况。周兰庭等采用扩展粗集模型对碾压混凝土坝变形进行分析,确定了影响碾压混凝土坝变形的主要因素。J. Noorzaei 等采用弹塑性有限元模型对碾压混凝土坝的结构变形特性进行了分析,弹塑性模型考虑了应力重分布的特点,使得应力计算结果更加合理。Kartal M E 等分析了动水压力对碾压混凝土坝变形的影响,动水压力作用会使水平位移增大。Nonaka M 等分析了碾压混凝土坝在季节性温度变化和坝基弹性模量变化情况下坝体变形的规律。Arici Y 等比较了二维模型和三维模型对碾压混凝土坝变形计算结果的影响,指出三维建模更具适用性。

在碾压混凝土坝变形安全监控模型的研究方面,最初主要借鉴常规混凝土坝的分析方法,没有考虑碾压混凝土坝层层碾压的施工特点,用常规的统计模型、混合模型和确定性模型分析大坝的变形性态。随着研究的深入,吴中如等利用薄层单元来模拟层面的影响,采用黏弹塑性有限元分析方法计算得到位移水压分量、温度分量和时效分量,进而建立碾压混凝土坝施工期坝体变形的确定性模型。顾冲时等研究了碾压混凝土坝本体、施工层面和坝基等部分的变形规律,采用不同的模型来描述各部分的本构关系,分析了影响碾压混凝土坝变形的主要因素,探讨了水压分量、温度分量和时效分量的影响因子,并研究了各分量的表达式,最终建立了碾压混凝土坝变形安全监控分析模型。程乐群等通过有限元反演分析方法得到本体的水压和温度基本分量,进而对监测资料进行回归计算得到层面的水压和温度分量,将碾压混凝土坝变形模型中的本体和层面分量进行有效分离,为进一步分析层面对变形的影响提供了方法。杨为城等将模糊物元理论和欧式贴近度的概念相结合建立了碾压混凝土坝变形监测的模糊物元模型。Lin Cheng 等在提取环境因素的基础上,建立了两种实时在线的安全监控模型:基于均方预测误差的模型和基于潜在变量的模型,前者用于没有明显趋势性变化的变形分析,后者主要用于表示环境变量和变形之间的关系。然而由于碾压混凝土坝参数、边界条件及结构的复杂性,在实际安全监控模型和变形演变分析方面仍需进一步研究。

1.2.4 碾压混凝土坝工作状态分析

大坝的安全状态一般分为正常、异常、险情三大类,而根据大坝的结构性态可分为弹性、弹塑性和失稳破坏三个工作阶段。因此,监控指标相应地分为一、二、三级,而在实际工程中,三级监控状态是不允许出现的。采用监控指标分析大坝的安全状态较为直观,其关键在于监控指标的合理拟订。安全监控指标拟订的常规方法主要有置信区间法、典型监测效应量的小概率法、极限状态法和结构分析法。置信区间法是利用监测量的预测值来评估大坝安全状态。它是在统计学小概率事件的基础上,用统计理论及有限元方法,建立监测量的数学模型(统计模型、确定性模型或混合模型),并在数学模型附近设立一个在显著性水平 α 下的置信区间($\Delta = \pm i\sigma$),监测效应量模型计算值 $\hat{E}$ 与实测值 E 之间的差为 $E-\hat{E}$。若该值在置信区间范围内,且无明显趋势性变化,则认为大坝运行是正常的;反之是异常的。小概率法是对现有的监测资料序列进行分析,根据不利荷载组合作用下的监测效应量或监控模型中的各分量,得到小子样样本空间,用小子样统计检验方法对该样本进行分布检验,确定其概率密度的分布函数。极限状态法是用极限平衡条件求出最不利荷载组合时的各种荷载,代入监测效应量的数学模型,从而求出监测效应量的监控指标。结构分析法具有广泛的适用性,不仅适用于运行期的监控指标拟订,还可用于施工期和首次蓄水阶段监控指标的拟订,同时结构分析法还具有较强的针对性,可以根据每座坝的具体情况,通过对坝体和坝基的物理力学分析,模拟大坝的真实受力状态，计算大坝不同工作阶段的监控指标。近年来，借助于先进的理论和方法，一些学者在拟订大坝安全监控指标方面进行了深入研究。谷艳昌等建立了拟订高拱坝变形监控指标的 Monte-Carlo 方法，使用蒙特卡罗法，模拟出符合不确定参数分布规律的随机数，代入有限元方程，将计算得到的效应场数值进行统计分析，确定其分布规律，拟订不同失效概率下的安全监控指标。陈龙考虑了碾压混凝土坝力学参数的不确定性特征，研究了变形安全监控指标拟订的模糊有限元分析法和随机有限元分析法，采用模糊理论，定义了分级模糊监控指标，得到各级模糊监控指标的上下限。从培江等利用最大熵原理，根据基本随机变量的数字特征值进行计算，得到典型效应量的熵概率密度，从而得到一定失事概率下的安全监控指标。雷鹏从协同学和信息熵的角度出发，构建了混凝土大坝空间整体变形熵的表达式。李占超等采用结构分析方法，结合运动稳定性理论，依照收敛判据和突变性判据，求得坝体的安全极限状态，从而拟订相应的安全监控指标。除可以借鉴上述常规方法和先进理论外，一些学者针对碾压混凝土坝自身的特点，研究了碾压混凝土坝安全监控指标的拟订方法。郭海庆等提出了应用两场耦合的黏弹性有限元拟订碾压混凝土坝变形监控指标的方法，针对碾压混凝土坝及基岩的具体特点，通过建立大坝与基岩的应力场与渗流场耦合分析模型，结合黏弹性有限元计算理论，求得最不利荷载工况下位移的水压、温度和时效分量，并据此拟订相应的变形监控指标。吴相豪等还运用四参数、Mohr-Coulumb 和 Drucker - Parger 准则分别模拟碾压混凝土坝本体、层面和基岩的非线性特征，引用岩石裂隙渗流场与应力场四自由度全耦合机制及弹塑性有限元分析模型，探讨了碾压混凝土坝变形二级监控指标拟订方法。汤丽慧建立了空间渗流监控模型，并研究了碾压混凝土坝渗流监控指标的拟订方法。

除采用监控指标对碾压混凝土坝工作状态进行分析评判外，还有学者从碾压混凝土坝工作状态的影响因素着手，来分析碾压混凝土坝的工作状态。Bingham, W B 等研究了上下游结构面形式对碾压混凝土坝的影响，指出不同的结构形式对碾压混凝土坝工作性态的影响不同，需要综合考虑耐久性、成本和外观等因素。Peyras, L 等采用风险和可靠性结合的方法对碾压混凝土坝的安全状况进行评估，指出基于概率的大坝安全状态分析主要包括两个关键问题：运行中复杂的荷载工况和基于概率的评估方法。Chevva、Krishnaiah 等采用无损检测技术来分析碾压混凝土坝的质量，结果表明地震折射和超声波的检测方法较为有效。Fedosov V E 等根据钻芯取样测试结果对 Capanda 碾压混凝土坝的物理力学特性进行了分析，结果表明层面的压缩和剪切强度满足设计要求。Schrader E K 等指出碾压混凝土坝工作性态具有不可复制性，不同坝的材料、尺寸、位置等不同，需要对它们的工作性态进行客观的评估。

对碾压混凝土坝工作状态进行全面分析时，需要考虑多个因素的影响，兼顾全面分析时的不确定性。对于不确定性问题的研究，主要有可拓学、粗糙集、灰色系统、模糊数学、属性数学等方法。在分析评判方面，可拓学是研究事物拓展的可能性和拓展方法的科学，它的代表性模型为物元分析模型，用于解决矛盾问题的规律，将多因子目标评估归结为单目标决策。粗糙集理论是一种刻画不完整和不确定性的数学工具，它的代表性模型为粗糙模型，通过建立单个指标的关系数据表、技术知识熵，给出权系数。灰色系统理论是关于信息不完全或不确定的系统控制理论，它的代表模型为灰色评估模型，用于解决数据少、样本少、信息不完全和经验缺乏的不确定性问题。模糊数学是研究界限不明确甚至模糊问题的科学，它的代表模型为模糊评判模型，用于将人们的直觉确定为具体系数，并将约束条件量化。属性数学是研究数字的结构与运动、变化、发展规律的科学，它的代表模型是属性识别模型，用于提出属性集合并建立属性测度空间。

1.3 问题的提出

由以上研究进展可以看出，国内外学者对碾压混凝土坝力学参数、层面数值分析方法、结构特性变化规律以及碾压混凝土坝工作状态评判方法等方面已做了部分有益的尝试，取得了一些有意义的研究成果，然而，由于碾压混凝土坝工作性态的影响因素和变化过程的复杂性，仍有一些关键问题需要进一步研究。

(1)碾压混凝土坝力学参数在碾压层内存在渐变规律,单纯的等效法掩盖了层面的本质,将这种渐变规律直接视为指数分布,也难免单一和不够深入,需要研究和探讨用不同的数学表达方式描述碾压层内弹性模量和渗透系数等物理力学参数的渐变分布规律,建立反映实际情况的结构和考虑参数渐变特性的分析模型。

(2)根据碾压混凝土坝层层碾压的施工特点,其渗透特性主要取决于层面,有必要寻找能够量化层面渗流对碾压混凝土坝渗流影响的方法。由于碾压混凝土坝的防渗排水结构和上下游水位都存在随时间而逐渐变化的过程,渗流也将随时间发生演变,因此需要研究碾压混凝土坝渗流演变分析方法,建立渗流演变分析模型,并对渗流状态进行判别。同时,需要研究碾压混凝土坝渗流演变过程中表现出的确定性和非确定性信息,以便较好地描述大坝渗流性态的变化。

(3)碾压混凝土坝在荷载等多种因素影响下,变形随时间发生演变,并在不同阶段表现出不同的特征,而且由于存在碾压层面,碾压混凝土坝的变形特性也不同于常规混凝土坝,因此需要研究符合碾压混凝土坝特征的变形演变分析方法,探究坝基、坝体本体和层面的变形过程及相应的本构模型构建方法,进而对碾压混凝土坝变形演变进行分析判别。

(4)碾压混凝土坝在服役过程中,其工作状态不断发生变化,原位监测成果是碾压混凝土坝工作状态变化的综合反映,如何从监测资料中提炼出对大坝工作状态变化分析的有用信息,建立相关的分析指标集,并探究不确定性因素的表示方法,是碾压混凝土坝工作状态变化分析的关键所在,因此需要构建科学的指标体系,研究指标及其权重不确定性的度量方法,拟订工作状态评判标准,从而较客观地对碾压混凝土坝工作状态变化进行分析。

1.4 本书主要研究内容

本书以碾压混凝土坝工作性态演变分析为工程背景选题,以材料力学、能量理论、本构模型，以及先进的数学方法为理论基础，采用理论分析、数值模拟、力学试验相结合的研究手段，从碾压混凝土层内参数渐变、渗流和变形性态演变，以及大坝工作状态变化等角度，系统研究碾压混凝土坝工作性态演变分析方法。本书的研究流程如图 1-1 所示。

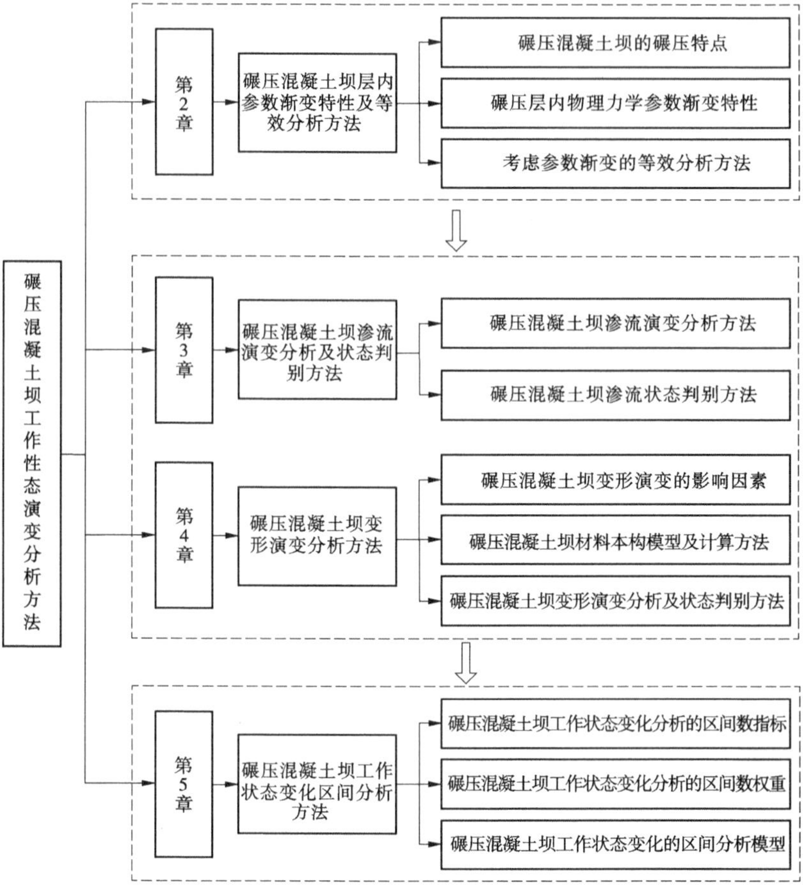

图 1-1　本书的研究流程

本书主要研究内容有：

(1) 在分析碾压混凝土坝碾压特点的基础上，研究振动碾加速度和激振力在碾压层内的传播特点，分析碾压层内密度的分布规律，由此提出碾压层内力学参数（主要是渗透系数和弹性模量）的渐变分布模型，以及考虑参数渐变的等效分析方法，建立渐变参数和等效参数之间的关系式。

（2）针对碾压混凝土坝的渗流特点，提出碾压混凝土坝层面厚度和渗透系数的确定方法，建立考虑层面影响的碾压混凝土坝渗流混合分析模型；提出渗流演变分析的最小二乘小波支持向量机模型，探讨渗流状态的时效分量判别法和最小二乘小波支持向量机演变模型判别法；分析碾压混凝土坝渗流的混沌特性，并在相空间中对序列重构，研究渗流在相空间中的变化特点。

（3）分析碾压混凝土坝变形演变的影响因素，研究碾压混凝土坝变形过程及坝基和坝体本构模型的构建方法，并在此基础上研制相应的有限元计算分析程序，建立碾压混凝土坝变形演变分析模型；研究采用分形理论分析变形变化趋势的方法，由此对变形状态进行判别。

（4）将区间数理论引入碾压混凝土坝的工作状态变化分析中，由此来表征碾压混凝土坝工作状态变化分析中出现的不确定性问题，在区间数指标、区间数权重和工作状态评判标准研究的基础上，建立基于区间数理论的碾压混凝土坝工作状态变化分析模型，据此对碾压混凝土坝的工作状态变化进行分析评判。

第 2 章　碾压混凝土坝层内参数渐变特性及等效分析方法

2.1 引　言

由于碾压混凝土坝层层碾压的施工特点,各碾压层的特性具有渐变性,因此在对碾压混凝土坝的工作性态分析时,首先需要研究碾压层主要物理力学参数的渐变特性和参数的等效分析方法。

目前的研究认为,振动碾的加速度和激振力在混凝土碾压层内的传播规律可以用指数衰减函数表示,碾压作用随着层深的增加而减小,并在此基础上采用参数指数分布形式来表示碾压层参数的渐变规律,现场试验结果表明,实际的碾压层参数的变化规律不完全一致。为此,本章基于典型工程现场试验资料,研究振动碾加速度和激振力在碾压层内的分布规律,经过几种典型衰减函数对现场试验资料优化分析,提出表征碾压层主要物理力学参数变化规律模型及等效分析方法,为研究碾压混凝土坝的工作性态演变提供理论基础。

2.2 碾压混凝土坝的碾压特点

碾压混凝土坝通常的施工程序是在下层铺砂浆,汽车运输入仓,平仓机平仓,振动压实机压实,在拟切缝位置拉线,机械对位,在振动切缝机的刀片上装铁皮并切缝至设计深度,拔出刀片,铁皮留在混凝土中,切完缝再沿缝无振碾压两遍。其中最重要的环节是碾压和层面处理,碾压混凝土非常干硬,骨料间阻力很大,仅靠自重不能克服,需要根据碾压层厚、仓面尺寸、碾压混凝土和易性等因素选择合适的振动碾,促使骨料和砂浆进一步密实,达到设计要求的密度。碾压混凝土坝施工时,会形成一系列的间歇层面,通常采用刷毛或冲毛清除乳皮,露出无浆膜的骨料,再铺厚 1 ~1.5 cm 的砂浆或灰浆,继续铺料碾压。

碾压混凝土的特征是混凝土无流动性,它的密实性主要取决于作用在其上振动碾的激振力和频率。在激振力作用下,石子移位受到石子之间和石子与水泥砂浆之间摩阻力的影响,石子克服摩阻力占据空间形成骨架,其空隙被水泥砂浆填充并包裹,最终形成密实体。下面采用 Weg-mouth 粒子干扰学说对碾压混凝土的结构机制进行分析。

粒子干扰学说:凡用具有一定直径比的骨料组成混凝土时,其粒度级配是以某一单位骨料的平均相互间隔(t)恰好等于其次一级大小的单位骨料平均直径与包裹骨料的水泥膜的厚度之和(t_0)时为最佳,当 t 比上述条件小(即 $t < t_0$)时,则发生粒子干扰,使混凝土的空隙增加,密实度减小。从粒子干扰学说角度来看,碾压混凝土在激振力和频率的作用下,混凝土拌和物中的石子将发生移位,当 $t < t_0$ 时,石子与石子之间将产生干摩擦,此时摩阻系数较大,克服摩阻力将要消耗大量的功,而且也较难达到密实状态;当 $t > t_0$ 时,水泥砂浆在石子之间形成润滑介质,石子之间的摩阻系数将大大减小,克服摩阻力需要消耗的功也相应减小。摩阻系数的大小主要取决于水泥浆介质黏滞度、骨料颗粒形状和表面性质。碾压混凝土拌和物由液相变为固相达到理想密实状态就是这样的过程,主要靠振动碾产生的激振力来实现。

2.2.1 振动碾的参数和碾压程序

大部分振动碾的振动机构为偏心轴式振动器,在重载轴承上装有偏心重量块,当偏心轴高速转动时,产生离心力,使碾轮产生强迫振动,形成激振力。目前工程中使用较为广泛的振动碾,其实际运行参数是振动加速度和主振频率,它们决定了碾压效果是否能满足设计要求。根据振动加速度和主振频率的检测结果计算有效振幅、激振力和单位轮宽冲击力。

(1)振幅计算。根据实测的振动加速度波形和对应的富矢频谱图显示的平均加速度的上半峰值,按式(2-1)计算振动碾峰值振幅,即

$$A = a/(2\pi f)^2 \tag{2-1}$$

式中, A 为峰值振幅,mm; a 为振动加速度,m/s²; f 为主振频率,Hz。

(2)激振力和单位振动轮宽冲击力计算。振动碾激振力的计算公式如下:

$$F = ma \tag{2-2}$$

式中, F 为振动碾激振力,kN; m 为振动轮荷重,kg; a 为振动轮的振动加速度,m/s²,实际计算时,取实测 1 ~3 个最大振动加速度下半峰值的平均值。

单位轮宽的冲击力按式 $F_1 = F/B$ 计算,其中 F_1 为单位轮宽冲击力,kN/cm; B 为振动轮的宽度,cm。

根据我国的工程实践和现场碾压试验,混凝土的碾压遍数和作业程序为:无振碾压 2 遍加有振碾压 6 ~8 遍再加无振碾压 2 遍。碾压方向垂直于水流方向,以避免碾压条带接触不良形成渗水通道。碾压条带相互搭接,端头部位搭接的长度需要保证振动碾的前后轮都进入搭接范围,具体长度由振动碾的轴距确定。无振碾压的目的是弥合细微的表面裂纹。

2.2.2 振动加速度和激振力在碾压混凝土层中的传播规律

为研究振动碾作用在混凝土层面上的激振力沿层深方向的传播规律,在碾压混凝土摊铺层内不同深度埋设压力计。同时,通过预埋在混凝土层内的加速度计,可以测取层内碾压混凝土强迫振动响应信号,进而换算成加速度时效值。以 $CA_{51}S$ 型振动碾为例,不同层深测点激振力测值和不同层深加速度平均值见表 2-1。

表 2-1　不同层深混凝土激振力测值和加速度测值

振动碾型号	振动轮重(kg)	振动频率(Hz)	振动振幅(mm)	不同深度测值		
				层深(cm)	激振力(MPa)	加速度平均值(m/s²)
$CA_{51}S$	10 500	24.38	2.92	0	—	49.39
				16	1.33	34.89
				41	0.83	24.30
				68	0.37	3.63

从表 2-1 可以看出，随着层深 h 的增加，激振力 p 和加速度 a 有衰减的趋势，现有文献对于这种衰减均采用指数模型表示。为进一步研究这种衰减变化的具体规律，本书采用几种典型的衰减函数来分析激振力和加速度与层深的关系。图 2-1 为某碾压混凝土坝施工中激振力和加速度随层深变化的散点图。

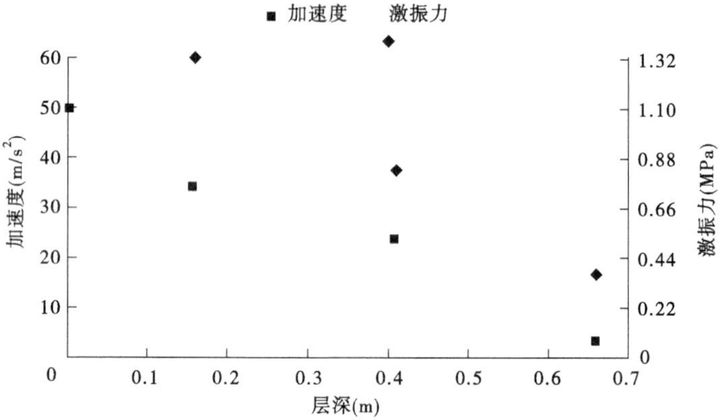

图 2-1　激振力和加速度随层深衰减图

根据图 2-1 散点图的趋势规律，分别选用指数函数、开方指数函数和平方指数函数进行拟合，拟合结果见表 2-2。为了评价拟合效果，分别计算了三种模型的复相关系数 R 和均方根误差 $RMSE$，三种模型的计算结果如表 2-2 所示。

$$R = \frac{\sum_{i=1}^{n}(x_i - \bar{x})(\hat{x}_i - \bar{x})}{\sqrt{\sum_{i=1}^{n}(x_i - \bar{x})^2 \sum_{i=1}^{n}(\hat{x}_i - \bar{x})^2}}, RMSE = \sqrt{\frac{\sum_{i=1}^{n}(\hat{x}_i - x_i)^2}{n}} \tag{2-3}$$

式中，x_i 为实测值；$\hat{x}_i$ 为拟合值；$\bar{x}$ 为平均值；n 为样本数。

表 2-2　激振力、加速度随层深衰减形式

激振力(p)			
函数形式	拟合方程	复相关系数	均方根误差(MPa)
平方指数	$p = 1.437e^{-3.177h^2}$	0.99	0.017
指数	$p = 1.945e^{-2.286h}$	0.98	0.092 9
开方指数	$p = 3.831e^{-2.602\sqrt{h}}$	0.95	0.14
加速度(a)			
函数形式	拟合方程	复相关系数	均方根误差(m/s^2)
平方指数	$a = 45.7e^{-4.66h^2}$	0.94	5.57
指数	$a = 50.45e^{-2.406h}$	0.93	6.17
开方指数	$a = 51.66e^{-1.528\sqrt{h}}$	0.82	10.09

由表 2-2 可知,三种模型的复相关系数均在 0.8 以上,其中,平方指数模型和指数模型均比开方指数模型的复相关系数大、均方根误差小,拟合效果优于开方指数模型;对于平方指数模型和传统的指数模型而言,二者的拟合结果非常接近,平方指数模型略好。

2.3　碾压层内物理力学参数渐变特性

碾压混凝土坝的物理力学参数主要有密度、孔隙率、抗压强度、渗透系数、黏聚力、摩擦系数和弹性模量,其中渗透系数和弹性模量能综合反映碾压混凝土的密实性、均匀性等特性,而渗透系数和弹性模量又与密度紧密相关,因此本节首先对碾压层内密度渐变分布规律进行研究。

2.3.1　碾压层内密度渐变分布规律

为了促进碾压混凝土坝筑坝技术的发展,有关学者做了碾压混凝土坝现场试验,本书利用现场试验成果对密度渐变分布的规律进行研究。

该试验采用混凝土拌和楼拌和混凝土，酒井 SD451 振动碾进行碾压，核子水分密度仪测试密度。在仓面内采用不同的碾压条带进行试验：2-8-2 条带，即先静碾压 2 遍，振动碾压 8 遍，后静碾压 2 遍；2-10-2 条带，即先静碾压 2 遍，振动碾压 10 遍，后静碾压 2 遍；2-12-2 条带，即先静碾压 2 遍，振动碾压 12 遍，后静碾压 2 遍。碾压层厚 100 cm，试验碾压 3 层，共 3 m 厚。第一碾压层内分别在距碾压层面 30 cm、60 cm、90 cm 处布置检测点，如图 2-2 所示。

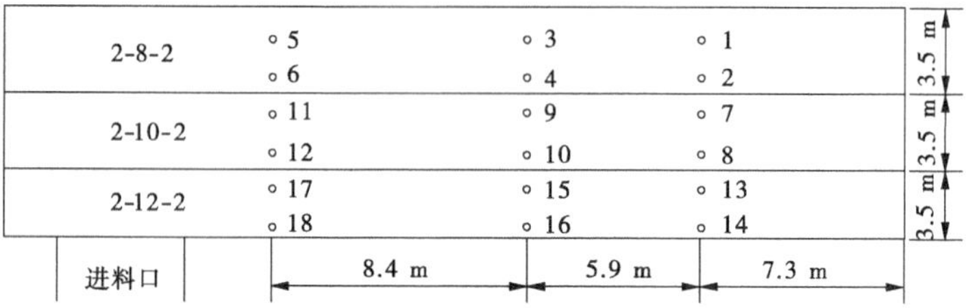

(a)距碾压层面30 cm深测点布置

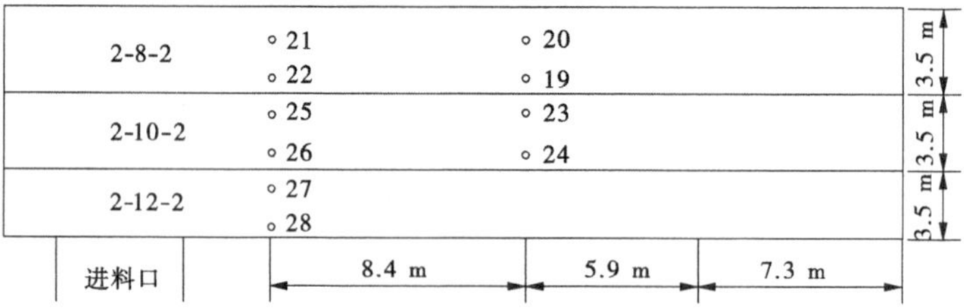

(b)距碾压层面60 cm深测点布置

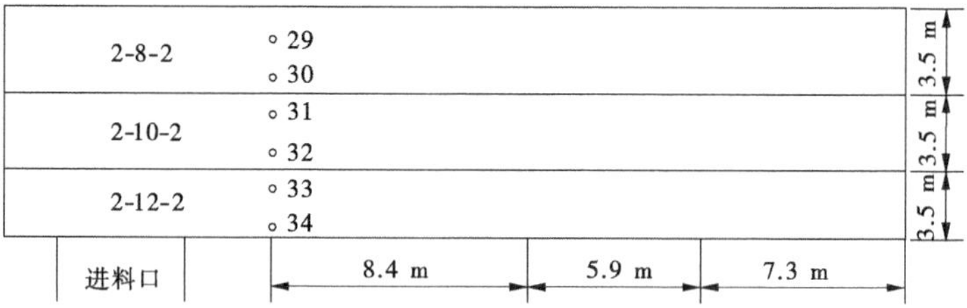

(c)距碾压层面90 cm深测点布置

图 2-2　第一碾压层内检测点布置情况

对平面坐标相同、深度不同的各点进行密度检测，检测结果如

图 2-3 所示。

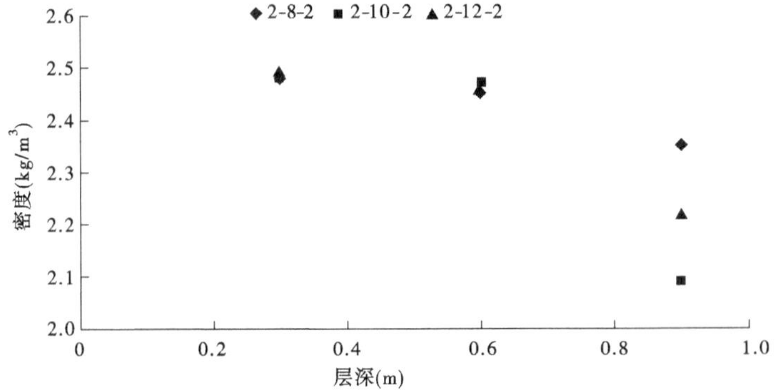

图 2-3　密度沿层深分布

从图 2-3 可以看出，2-8-2 条带、2-10-2 条带和 2-12-2 条带测点密度沿深度方向均有衰减趋势，分别选用指数函数、开方指数函数和平方指数函数进行拟合，拟合结果见表 2-3。为了评价拟合效果，引入复相关系数 R 和均方根误差 $RMSE$，其计算公式见式(2-3)，计算结果见表 2-3。

表 2-3　密度随层深衰减形式

函数形式	拟合方程	复相关系数	均方根误差(kg/m³)
2-8-2 条带			
平方指数	$\rho=2.503e^{-0.076h^2}$	0.96	0.018
指数	$\rho=2.557e^{-0.089h}$	0.89	0.032
开方指数	$\rho=2.67e^{-0.128\sqrt{h}}$	0.84	0.039
2-10-2 条带			
函数形式	拟合方程	复相关系数	均方根误差(kg/m³)
平方指数	$\rho=2.595e^{-0.246h^2}$	0.87	0.117
指数	$\rho=2.76e^{-0.274h}$	0.75	0.158
开方指数	$\rho=3.142e^{-0.388\sqrt{h}}$	0.69	0.178

续表 2-3

2-12-2 条带			
函数形式	拟合方程	复相关系数	均方根误差(kg/m^3)
平方指数	$\rho = 2.56e^{-0.168h^2}$	0.93	0.059
指数	$\rho = 2.68e^{-0.192h}$	0.83	0.088
开方指数	$\rho = 2.94e^{-0.274\sqrt{h}}$	0.77	0.102

由表 2-3 可知，密度沿层深分布的 3 种模型中，平方指数模型的复相关系数最高、均方根误差最小，拟合效果最好，其次是指数模型，开方指数模型的拟合效果较差，这说明平方指数模型能较好地反映密度沿层深的衰减规律。

2.3.2　渗透系数渐变特性

碾压混凝土的渗透系数与混凝土的孔隙构造、孔隙率、液体的黏度、混凝土龄期、渗透历时等参数有关，主要取决于水灰比和孔隙率。随着水灰比的增加，混凝土的孔隙率增加、渗透性增大。因此，渗透系数的最终影响因素是孔隙率，对于相同配合比的混凝土而言，密度小的混凝土孔隙率大，密度大的混凝土孔隙率小。由此可见，渗透系数和密度关系密切，根据 2.3.1 对密度分布规律的研究结果，将渗透系数的渐变形式表示为

$$k = k_0 e^{\alpha h^2} \tag{2-4}$$

式中，h 为距碾压层面的深度；k_0 和 α 为渗透系数渐变分布的参数，$k_0 > 0$，$\alpha > 0$，其中参数 k_0 和 α 的确定方法既是重点也是难点，下面将渗流情况分解为平行于层面和垂直于层面两种方式来研究参数 k_0 和 α 的综合求解方法。

2.3.2.1　渗流平行于层面

当渗流平行于层面时，在渗流场中截取一段与层面平行的渗流区域，设渗径长度为 L，碾压层总厚度为 B。将碾压层平均分为 m 个平行于层面的小层，水平向渗透系数分别为 $k_0, k_1, \cdots, k_m$，通过各层的渗

流量分别为 $q_1, q_2, \cdots, q_m$，通过碾压层的总渗流量为 q_h，各层的厚度为 $b_1 = b_2 = \cdots = b_m = b$，如图 2-4 所示，图中 k_0 为碾压层上表面的渗透系数，k_h 为碾压层水平向的等效渗透系数。

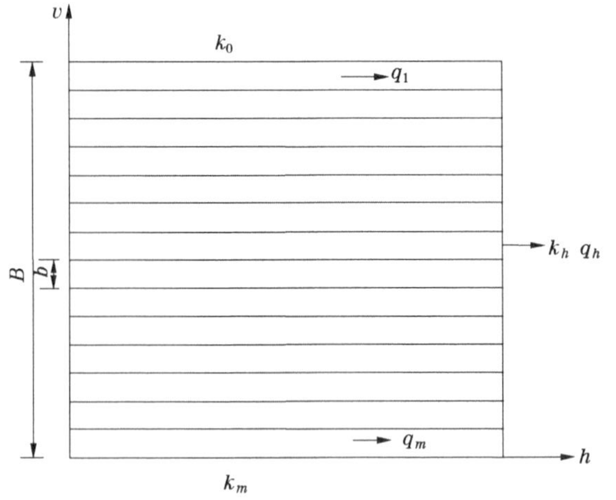

图 2-4　渗流平行于层面时渗透系数渐变分析模型

由于层面个数 m 可以足够大，认为渗透系数在同一小层内相同，在不同小层间按平方指数规律衰减，因此式(2-4)在这种情况下变为

$$k_i = k_0 e^{\alpha (ib)^2} \tag{2-5}$$

式中，k_i 为第 i 个小层的渗透系数；b 为各层厚度；其他符号含义同前。

由渗流量等效可得

$$q_h = q_1 + q_2 + \cdots + q_m \tag{2-6}$$

在某一水力梯度 J 作用下，根据达西定律，总渗流量与渗透系数的关系为

$$q_h = k_h J B \tag{2-7}$$

任一层的渗流量为

$$q_i = k_i J b_i \tag{2-8}$$

因此，总渗流量与各层渗流量的关系可以表示为

$$k_h J B = k_1 J b_1 + k_2 J b_2 + \cdots + k_m J b_m \tag{2-9}$$

由此可见，碾压层平行于层面的渗透系数和各小层渗透系数之间

的关系为

$$k_h B = k_1 b_1 + k_2 b_2 + \cdots + k_m b_m \tag{2-10}$$

进行上述分析时，为了便于理解和表达，将碾压层分成 m 个小层，且当 m 足够大时，式(2-10)成立，而实际上当层数足够多时，应将其表示成积分形式，即

$$k_h B = \int_0^B k_0 e^{\alpha h^2} dh \tag{2-11}$$

2.3.2.2　渗流垂直于层面

当渗流垂直于层面时，分析方法与平行于层面的渗流类似。设通过碾压层的渗流量为 q_v，各层的渗流量分别为 $q_{1v}, q_{2v}, \cdots, q_{mv}$，根据水流连续定理，通过整个碾压层的渗流量与通过各层的渗流量相等，如式(2-12)所示

$$q_v = q_{1v} = q_{2v} = \cdots = q_{mv} \tag{2-12}$$

设通过碾压层的总水头损失为 Δh，通过各层的水头损失分别为 Δh_i，则碾压层的等效水力梯度 J 应为 $\Delta h/B$，任一层的水力梯度 J_i 为 $\Delta h_i/b_i$，根据达西定律，可得

$$\begin{cases} q_v = k_v \Delta h/BA \\ q_{iv} = k_i \Delta h_i/b_i A \end{cases} \tag{2-13}$$

式中，k_v 为碾压层垂直向的等效渗透系数；A 为渗流截面面积。

将式(2-13)代入式(2-12)可得

$$k_v \Delta h/B = k_i \Delta h_i/b_i \tag{2-14}$$

又因整个碾压层的水头损失为各层水头损失之和，即

$$\Delta h = \Delta h_1 + \Delta h_2 + \cdots + \Delta h_m \tag{2-15}$$

联立式(2-14)和式(2-15)，可得

$$\frac{B}{k_v} = \frac{b_1}{k_1} + \frac{b_2}{k_2} + \cdots + \frac{b_m}{k_m} \tag{2-16}$$

同样地，将其表示成积分形式为

$$\frac{B}{k_v} = \int_0^B \frac{1}{k_0 e^{\alpha h^2}} dh \tag{2-17}$$

式(2-11)和式(2-17)的联立方程组便是渗透系数渐变参数的求解

条件：

$$\begin{cases} k_h B = \int_0^B k_0 e^{\alpha h^2} dh \\ \dfrac{B}{k_v} = \int_0^B \dfrac{1}{k_0 e^{\alpha h^2}} dh \end{cases} \tag{2-18}$$

在方程组(2-18)中，k_0 和 α 是待求解的未知量，而在求解 k_0 和 α 时，通常要先得到碾压层水平向、垂直向等效渗透系数 k_h 和 k_v，碾压层等效渗透系数 k_h 和 k_v 的确定方法将在2.4节研究。

2.3.3　弹性模量渐变特性

混凝土的弹性模量与密度密切相关，密度越大，弹性模量越大；密度越小，弹性模量越小。因此，可以根据密度沿层深的变化规律，将弹性模量沿层深的变化关系表示为

$$E = E_0 e^{-\beta h^2} \tag{2-19}$$

式中，E_0 和 β 为弹性模量渐变分布的参数，$E_0 > 0$，$\beta > 0$；其他符号含义同式(2-4)。

要得到弹性模量的具体渐变形式，就要确定式(2-19)中的未知数 E_0 和 β，这里根据分解刚度法来确定。如果用弹簧表示刚度，将碾压层看作是由 n 个平行于层面的小层组成，每一层的弹性模量分别为 $E_1, E_2, \cdots, E_n$，碾压层的总弹性模量由各小层的弹性模量按一定关系等效转换。根据弹簧的串联、并联原理可得，层数 n 足够多时，n 个小层的串联、并联公式如下

$$\begin{cases} \dfrac{1}{E_1} + \dfrac{1}{E_2} + \cdots + \dfrac{1}{E_n} = \dfrac{n}{E_v} \\ E_1 + E_2 + \cdots + E_n = nE_h \end{cases} \tag{2-20}$$

式中，E_h 和 E_v 分别为碾压层平行于层面方向和垂直于层面方向的等效弹性模量。

将式(2-19)代入式(2-20)可得

$$\begin{cases}\dfrac{1}{E_0}\left[\dfrac{1}{e^{-\beta b^2}}+\dfrac{1}{e^{-\beta(2b)^2}}+\cdots+\dfrac{1}{e^{-\beta(nb)^2}}\right]=\dfrac{n}{E_v}\\ E_0\left[e^{-\beta b^2}+e^{-\beta(2b)^2}+\cdots+e^{-\beta(nb)^2}\right]=nE_h\end{cases}\tag{2-21}$$

同样地,将其表示成积分形式为

$$\begin{cases}\displaystyle\int_0^B \frac{1}{E_0 e^{-\beta h^2}}dh=\frac{B}{E_v}\\ \displaystyle\int_0^B E_0 e^{-\beta h^2}dh=E_h B\end{cases}\tag{2-22}$$

由此可见,要得到碾压层内弹性模量的渐变表达式,首先要求得碾压层内等效弹性模量 E_h 和 E_v 。

2.4　考虑参数渐变的等效分析方法

2.3 节研究了由激振力衰减引起的碾压层内物理力学参数渐变分布的规律,并建立了渐变参数和等效参数之间的关系式,提出可以采用碾压层的等效参数求解碾压层内参数渐变规律,即当确定碾压层的等效参数后,可根据 2.3 节方法求出碾压层内的参数渐变规律。同时,实际的碾压混凝土坝体常包含众多碾压层,计算中如果按照碾压层来离散单元,层间采用无厚度的节理单元模拟,尽管理论上可行,但对于上百米高的大坝,其巨大的计算量对于目前的计算能力来说是比较难实现的,等效化处理在反映碾压混凝土坝横观各向异性特点的前提下,可以减少有限元网格数目,降低求解难度,不失为一种较为直接的解决方法。因此,本节在建立等效分析模型的基础上,提出等效参数的确定方法,为求解渐变参数提供途径。

2.4.1　等效分析模型

2.4.1.1　位移场等效分析模型

等效模型的应力应变关系为

$$\boldsymbol{\sigma}=\boldsymbol{D\varepsilon}\tag{2-23}$$

式中, $\boldsymbol{\sigma}=\{\sigma_x,\sigma_y,\sigma_z,\sigma_{xy},\sigma_{yz},\sigma_{zx}\}^{\mathrm{T}}$;$\boldsymbol{\varepsilon}=\{\varepsilon_x,\varepsilon_y,\varepsilon_z,\varepsilon_{xy},\varepsilon_{yz},\varepsilon_{zx}\}^{\mathrm{T}}$;$\boldsymbol{D}$

为横观各向同性弹性等效矩阵,其表达式为

$$
\boldsymbol{D}=\begin{bmatrix}
E_h\dfrac{1-q\mu_2^2}{(1+\mu_1)p} & E_h\dfrac{\mu_1+q\mu_2^2}{(1+\mu_1)p} & E_h\dfrac{\mu_2}{p} & 0 & 0 & 0\\
E_h\dfrac{\mu_1+q\mu_2^2}{(1+\mu_1)p} & E_h\dfrac{1-q\mu_2^2}{(1+\mu_1)p} & E_h\dfrac{\mu_2}{p} & 0 & 0 & 0\\
E_h\dfrac{\mu_2}{p} & E_h\dfrac{\mu_2}{p} & E_v\dfrac{1-\mu_2}{p} & 0 & 0 & 0\\
0 & 0 & 0 & \dfrac{E_h}{2(1+\mu_1)} & 0 & 0\\
0 & 0 & 0 & 0 & G_2 & 0\\
0 & 0 & 0 & 0 & 0 & G_2
\end{bmatrix} \tag{2-24}
$$

式中, $q=E_h/E_v$; $p=1-\mu_1-2q\mu_2^2$; E_h 和 μ_1 分别为平行于层面方向的等效弹性模量和泊松比; E_v 和 μ_2 分别为垂直于层面方向的等效弹性模量和泊松比; G_2 为垂直于层面方向的等效剪切模量。

单元内有限元支配方程为

$$\boldsymbol{K}^e\boldsymbol{a}^e=\boldsymbol{P}^e \tag{2-25}$$

式中, $\boldsymbol{a}^e$ 为单元节点位移矩阵; $\boldsymbol{P}^e$ 为单元已知荷载项; $\boldsymbol{K}^e$ 为单元刚度矩阵,其表达式为

$$\boldsymbol{K}^e=\int_{\Omega^e}\boldsymbol{B}^{\mathrm{T}}\boldsymbol{D}\boldsymbol{B}\mathrm{d}\Omega^e \tag{2-26}$$

式中, $\boldsymbol{B}$ 为应变矩阵,由形函数确定; $\boldsymbol{D}$ 为弹性等效矩阵,如式(2-24)所示。

对所有单元的 $\boldsymbol{K}^e$、$\boldsymbol{a}^e$、$\boldsymbol{P}^e$ 进行组合,可得

$$\boldsymbol{K}\boldsymbol{a}=\boldsymbol{P} \tag{2-27}$$

式中, $\boldsymbol{K}$ 为总体刚度矩阵; $\boldsymbol{a}$ 为节点位移矩阵; $\boldsymbol{P}$ 为已知荷载项。

式(2-27)表示了在荷载作用下,大坝各节点位移与弹性等效参数之间的关系。

2.4.1.2　渗流场等效分析模型

三维等效连续介质渗流方程为

$$\frac{\partial}{\partial x}(k_x \frac{\partial h}{\partial x}) + \frac{\partial}{\partial y}(k_y \frac{\partial h}{\partial y}) + \frac{\partial}{\partial z}(k_z \frac{\partial h}{\partial z}) = 0 \tag{2-28}$$

式中，k_x、k_y、k_z 为等效连续介质沿水平、垂直方向的等效渗透系数，若将 x 轴和 y 轴放在与碾压层面平行的面内，z 轴垂直于碾压层面方向，则对于横观各向同性体，有 $k_x = k_y$ 。

根据式(2-28)，采用变分原理可推得空间8结点等参单元的有限元支配方程为

$$\boldsymbol{K}^e \boldsymbol{h}^e = \boldsymbol{F}^e \tag{2-29}$$

式中，$\boldsymbol{h}^e$ 为单元节点水头矩阵；$\boldsymbol{F}^e$ 为单元已知荷载项；$\boldsymbol{K}^e$ 为单元导水矩阵，其表达式为

$$\boldsymbol{K}^e = \int_{\Omega^e} \boldsymbol{B}^{\mathrm{T}} \boldsymbol{k} \boldsymbol{B} \mathrm{d}\Omega^e \tag{2-30}$$

式中，$\boldsymbol{k} = \begin{bmatrix} k_x & 0 & 0 \\ 0 & k_y & 0 \\ 0 & 0 & k_z \end{bmatrix}$；$\boldsymbol{B} = \begin{bmatrix} \frac{\partial N_1}{\partial x} & \frac{\partial N_2}{\partial x} & \cdots & \frac{\partial N_8}{\partial x} \\ \frac{\partial N_1}{\partial y} & \frac{\partial N_2}{\partial y} & \cdots & \frac{\partial N_8}{\partial y} \\ \frac{\partial N_1}{\partial z} & \frac{\partial N_2}{\partial z} & \cdots & \frac{\partial N_8}{\partial z} \end{bmatrix}$，$N_i$ 为8结点等参单元中形函数，表示为

$$N_i = \frac{1}{8}(1 + \xi_i \xi)(1 + \eta_i \eta)(1 + \zeta_i \zeta) \tag{2-31}$$

式中，$i = 1,2,\cdots,8$ ，表示单元序号；ξ_i、η_i、ζ_i 为与单元结点有关的符号系数，取为 -1 或 1。实际单元与等参单元之间的坐标变换为

$$x = \sum_{i=1}^{8} N_i x_i \quad y = \sum_{i=1}^{8} N_i y_i \quad z = \sum_{i=1}^{8} N_i z_i \tag{2-32}$$

假设碾压混凝土坝有限元整体坐标与三个渗透主轴相重合，且具有等效连续介质力学特性，单元内导水矩阵 K^e 的内部各元素表达式为

$$k_{ij}^{\ e} = \int_{\Omega^e} [k_x \frac{\partial N_i}{\partial x} \frac{\partial N_j}{\partial x} + k_y \frac{\partial N_i}{\partial y} \frac{\partial N_j}{\partial y} + k_z \frac{\partial N_i}{\partial z} \frac{\partial N_j}{\partial z}] \mathrm{d}\Omega^{\ e} =$$

$$\int_{\Omega^e} \boldsymbol{B}_i^{\mathrm{T}} \boldsymbol{k} \boldsymbol{B}_j \mathrm{d}\Omega^e = \int_{-1}^{1} \int_{-1}^{1} \int_{-1}^{1} \boldsymbol{B}_i^{\mathrm{T}} \boldsymbol{k} \boldsymbol{B}_j |J| \mathrm{d}\xi \mathrm{d}\eta \mathrm{d}\zeta \tag{2-33}$$

式中，i 与 j 分别对应于单元导水矩阵 $\boldsymbol{K}^e$ 中各结点循环求得的元素编码。

根据式(2-31)中形函数的表达式可以求得应变转换矩阵 $\boldsymbol{B}$ 和雅可比行列式矩阵 $\boldsymbol{J}$，代入式(2-33)，并对 i、j 分别从 1 ~8 循环可以求得单元导水矩阵 $\boldsymbol{K}^e$ 的所有元素。对所有单元的 K^e 、h^e 、F^e 进行组合，可得

$$\boldsymbol{Kh} = \boldsymbol{F} \tag{2-34}$$

式中，$\boldsymbol{K}$ 为总体导水矩阵；$\boldsymbol{F}$ 为已知自由项；$\boldsymbol{h}$ 为未知节点水头列阵，其边界条件为

$$\begin{cases} h \mid \Gamma_1 = h_1, \quad -k_{ij}\dfrac{\partial h}{\partial x_j}n_i \mid \Gamma_2 = q_n \\ -k_{ij}\dfrac{\partial h}{\partial x_j}n_i \mid \Gamma_3 = 0 \text{ 且 } h = x_3 \\ -k_{ij}\dfrac{\partial h}{\partial x_j}n_i \mid \Gamma_4 \geqslant 0 \text{ 且 } h = x_3 \end{cases} \tag{2-35}$$

式中，Γ_1、Γ_2、Γ_3 和 Γ_4 分别为第一类、第二类渗流边界及渗流自由面和渗流逸出面；n_i 为渗流边界面外法向余弦，$i=1,2,3$；q_n 为边界法向流量，取流出为正，流入为负；h_1 为已知水头函数；x_3 为位置水头。

利用式(2-34)可求得碾压混凝土坝各结点的水头值。

2.4.2　等效参数确定方法

从上文可知，碾压层内渗透系数渐变参数 k_0 和 α 的求解，需要利用平行于层面方向和垂直于层面方向的等效渗透系数 k_h 和 k_v；碾压层内弹性模量渐变参数 E_0 和 β 的求解，需要利用平行于层面方向和垂直于层面方向的等效弹性模量 E_h 和 E_v 。下面重点研究等效渗透系数的确定方法，等效弹性模量的确定思路与之相似。

碾压混凝土坝测压管水头等实测资料是内外因影响下大坝渗流的综合反映，可以利用测压管水头对等效渗透系数进行确定。碾压混凝土坝测压管水头主要受水压、温度、降水和时效的影响，而关于降水的影响可以等效到水压之中，因此碾压混凝土坝任一点的测压管水头主要由水压分量、温度分量和时效分量组成，表示为

$$h = h_H + h_T + h_\theta \tag{2-36}$$

式中，h、h_H、h_T 和 h_θ 分别为测压管水头、水压分量、温度分量和时效分量。

则水压分量为

$$h_H = h - h_T - h_\theta \tag{2-37}$$

同时，根据渗流有限元计算，得到各个测点的水头值，方程如式(2-37)所示，也可表示为

$$\boldsymbol{h} = f([k_h, k_v], \boldsymbol{F}) \tag{2-38}$$

式中，各参数含义同前，$[k_h, k_v]$ 为待确定参数，记为 $x = [k_h, k_v]$。

根据场相似思想，渗透系数确定的最终解应该是在该参数值条件下碾压混凝土坝的计算渗流场与实测渗流场之间的接近程度最高，即依据上述工况，利用有限元方法计算各测点的水头值，与水压分量进行比较，渗透系数的最优值应该是在该参数下二者的接近度最高，或者说二者之间的相似离差最小，即

$$\min S(x) = \sum_{i=1}^{m} \sum_{j=1}^{n} \omega_{ij} (h_{Hij} - h'_{Hij})^2 \tag{2-39}$$

式中，m 为测压管水头测点个数；n 为测点的监测次数；ω_{ij} 为权重；h_{Hij} 为测压管水头水压分量；h'_{Hij} 为水压荷载工况下的测压管水头有限元计算值。

在实际应用中，通常需要根据工程经验给出参数 x 的取值范围

$$x_{\min} \leqslant x \leqslant x_{\max} \tag{2-40}$$

式中，$x_{\max}$、$x_{\min}$ 分别为参数的上、下限值。

至此，等效渗透系数的确定问题就转化为以式(2-39)为目标函数、式(2-40)为约束条件的参数优化问题。人工鱼群算法是模仿鱼类行为方式的一种基于动物自治体的优化算法，主要由觅食行为、聚群行为、追尾行为、行为选择等组成，其使用灵活、收敛速度快，具有良好的克服局部极值、取得全局极值的能力。但该算法也存在后期搜索盲目性较大的缺点，为此基于自适应的思想对其改进，形成了自适应人工鱼群算法。因此，本书引入自适应人工鱼群算法，并研究其相应的嵌套调用程序来解决等效渗透系数的优化问题。

待确定的等效渗透系数 x 用人工鱼个体的状态表示，目标函数 $S(x)$ 用人工鱼当前所在位置的食物浓度表示。首先初始化鱼群，即给定待确定参数一个初始值，它可以由随机方式产生；然后每个人工鱼在其视野内向食物浓度增多、鱼群不太拥挤的方向快速移动来更新自己，以此产生新一代群体，同时进入下一次更新计算。每次更新计算结束需判断其是否满足收敛条件，若满足收敛条件，随机计算结束；否则进入下一代群体的更新计算。为避免后期更新的盲目性，并提高求解精度，一般在算法初期采用较大步长，随着搜索的进行，将步长逐渐缩小。基于这种优化算法的基本思想，编制 Matlab 程序，并结合大型有限元计算软件 MARC，通过参数优化，最终获得等效渗透系数的最优结果，具体过程如图 2-5 所示。

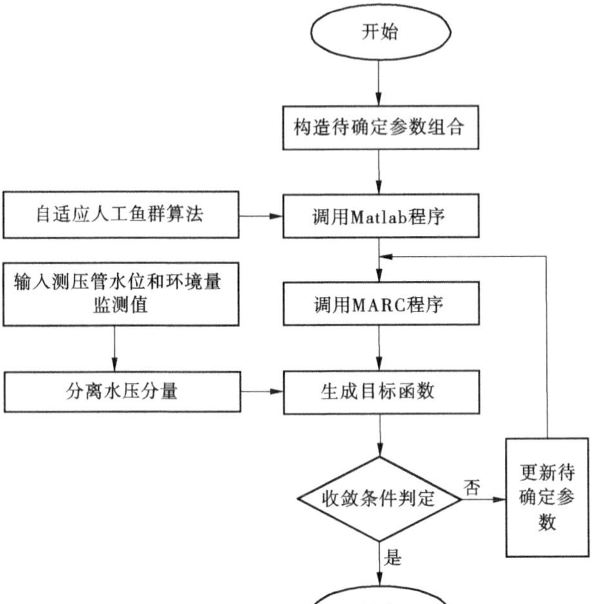

图 2-5　等效渗透系数的确定过程

通过上面的分析计算,得到等效渗透系数 $[k_h,k_v]$ 后,代入式(2-18)可得

$$\begin{cases} k_h B = \int_0^B k_0 e^{\alpha h^2} dh \\ \dfrac{B}{k_v} = \int_0^B \dfrac{1}{k_0 e^{\alpha h^2}} dh \end{cases} \tag{2-41}$$

求解此方程组可得碾压层内渗透系数渐变参数 k_0 和 α,于是得到碾压层内渗透系数表达式为

$$k = k_0 e^{\alpha h^2} \tag{2-42}$$

式中,k 为距碾压层表面深 h 处的渗透系数,h 的变化范围为 $0 \sim B$;其他符号含义同前。

弹性模量的确定方法和渗透系数的确定方法类似,同样地,利用等效弹性模量求解式(2-22),可得碾压层内弹性模量渐变参数,将其代入式(2-19),可得碾压层内的弹性模量渐变表达式。

2.5 本章小结

本章利用现场试验资料,研究了碾压混凝土坝碾压层内主要物理力学参数渐变规律及等效分析方法,主要研究内容有:

(1)根据碾压混凝土坝的施工特点,从决定碾压混凝土密实性的主要因素出发,利用现场试验资料,研究了振动碾加速度和激振力在碾压层内的分布规律,对比分析了其沿层深衰减的几种模型精度。

(2)基于前人所做的碾压混凝土坝现场试验成果,研究了碾压层内密度沿层深衰减的特点,对比分析了指数函数、开方指数函数和平方指数函数等模型的拟合效果,得到了平方指数模型能较好地反映密度沿碾压层深衰减规律的结论,在此基础上,研究并提出了碾压层内渗透系数和弹性模量的渐变表达式。

(3)为减少分析工作量,研究了碾压混凝土坝渗透系数和弹性模量等主要力学参数的等效方法,建立了考虑渐变的上述主要力学参数等效分析模型,并利用自适应人工鱼群算法,确定了碾压混凝土坝等效参数。

第 3 章　碾压混凝土坝渗流演变分析及状态判别方法

3.1　引　言

第 2 章对碾压混凝土坝层内参数的渐变特性进行了研究,并提出了考虑参数渐变的等效分析方法,为本章研究碾压混凝土坝渗流演变提供了渗流计算参数确定方法。碾压混凝土坝由于存在层面,其渗流性态不同于普通混凝土坝,渗流存在各向异性特点,研究碾压混凝土坝的渗流特性时,需要考虑层面渗流的影响。现有文献对大坝渗流演变过程的研究主要集中在渗流效应量随渗透系数和环境量变化的关系式上,然而碾压混凝土坝的渗流在演变过程中既表现出确定性的一面,又具有混沌性和无序性的一面。对于常规混凝土坝渗流具有混沌的特点已有学者进行了研究,但是目前的研究还停留在分形维数的一般求解上,而对碾压混凝土坝渗流演变的混沌特性研究尚处于起步阶段,需要引入非线性理论,来研究碾压混凝土坝渗流演变过程中所显示出的确定性和非确定性信息。

鉴于上述情况,本章在分析碾压混凝土坝的本体和层面渗流特点的基础上,研究并提出层面厚度和渗透系数的确定方法,建立考虑层面影响的碾压混凝土坝渗流演变分析混合模型,通过碾压混凝土坝渗流演变规律研究,构建碾压混凝土坝渗流演变最小二乘小波支持向量机分析模型;并通过碾压混凝土坝渗流演变混沌特性研究,提出碾压混凝土坝渗流演变状态判别方法,经本章研究,为碾压混凝土坝工作性态演变分析提供技术支持。

3.2　碾压混凝土坝渗流演变分析方法

碾压混凝土坝在环境量作用下,其渗流较为复杂。由于碾压混凝土坝的防渗排水结构和上下游水位都存在随时间而逐渐变化的过程,渗流也将随时间发生演变。渗流效应量的实测数据是碾压混凝土坝渗流在这种内外因共同作用下的宏观反映,实测数据序列的变化规律能直接客观地反映碾压混凝土坝渗流的演变规律。本节根据渗流效应量原型资料序列,研究碾压混凝土坝的渗流演变分析方法。

3.2.1　碾压混凝土坝渗漏量演变分析混合模型

碾压混凝土坝的渗漏量主要来自于碾压层本体和施工层面两部分,并且碾压混凝土坝由于层层碾压的施工特点,其渗透特性主要取决于层面,如果层面有垫层,还取决于垫层体的渗流特性。碾压混凝土本体的密实性通常较好,容重在24.5 kN/m^{3}以上,透水性较弱,渗透系数一般为$10^{-9} \sim 10^{-12}$ cm/s,而层面的透水能力则相对较强,层面常常是坝体的主要渗流通道,为了增强碾压混凝土的抗渗性,需要严格控制层面的施工质量,保证层面的胶结良好。若层面施工质量不好,有可能会在层面处形成渗流通道,使水流透过坝体,从下游面逸出,渗流自由面被抬高,这在早期的碾压混凝土坝中尤为突出,下游面逸出点过高,严重威胁大坝的安全运行。

设碾压混凝土坝碾压层的渗漏量为Q,碾压层本体和施工层面的渗漏量分别为Q_1和Q_2,则

$$Q = Q_1 + Q_2 \tag{3-1}$$

下面分别研究本体渗漏量Q_1和层面渗漏量Q_2的具体表达方式。

3.2.1.1　本体渗漏量Q_1的表达式

本体渗漏量Q_1主要受水压、温度和时效的影响,可表示为

$$Q_1 = Q_{1H} + Q_{1T} + Q_{1\theta} \tag{3-2}$$

式中,Q_{1H}为本体渗漏量水压分量;Q_{1T}为本体渗漏量温度分量;$Q_{1\theta}$为本体渗漏量时效分量。

式(3-2)中各分量的表达式具体描述如下。

1. 水压分量 Q_{1H}

利用本体平行于层面和垂直于层面的等效渗透系数 k_{ch} 和 k_{cv} 的试验值,采用有限元计算不同水深 $H(H_1,H_2,\cdots,H_n,n$ 为水深组数) 作用下的本体水压分量 Q'_{1H},得到本体水压分量 Q'_{1H} 与水深 H 之间的关系曲线。由于库水位变化对大坝渗流的影响具有滞后效应,因此 H 应该是考虑滞后效应的等效水深,根据文献[89]中的公式计算 t_0 时刻的等效水深为

$$H_s = \int_{-\infty}^{t_0} \frac{1}{A\sqrt{2\pi}x_2} e^{-\frac{(t-x_1)^2}{2x_2^2}} H(t)\,\mathrm{d}t \tag{3-3}$$

式中,H_s 为等效水深;A 为调整参数;x_1 为库水位滞后天数;x_2 为水位影响天数;$H(t)$ 为 t 时刻水深。

有限元计算得到本体水压分量 Q'_{1H} 和等效水深 H_s 的关系曲线后,采用多项式进行拟合,得 Q'_{1H} 为

$$Q'_{1H} = \sum_{i=0}^{3} a_{1i} H_s^i \tag{3-4}$$

式中,a_{1i} 为拟合系数;H_s^i 为坝前等效水深。

由于实际的本体渗透系数和试验值之间有差异,需对式(3-4)进行调整,将本体水压分量表示为

$$Q_{1H} = X \sum_{i=0}^{3} a_{1i} H_s^i \tag{3-5}$$

式中,X 为调整参数;其余符号含义同前。

2. 温度分量 Q_{1T} 和时效分量 $Q_{1\theta}$

考虑到渗漏量随温度表现为周期性变化,可用周期项因子表示为

$$Q_{1T} = \sum_{i=1}^{2} \left(b_{1i}\sin\frac{2\pi it}{365} + b_{2i}\cos\frac{2\pi it}{365}\right) \tag{3-6}$$

式中,t 为监测日到始测日的累计天数;b_{1i}、b_{2i} 为温度因子回归系数($i=1,2$)。

时效分量的表达式为

$$Q_{1\theta} = c_1\theta + c_2\ln\theta \tag{3-7}$$

式中，$\theta = 0.01t$；c_1、c_2 为时效因子回归系数。

3.2.1.2 **层面渗漏量 Q_2 的表达式**

层面渗漏量 Q_2 也主要受水压、温度和时效的影响，但其计算方法和本体有差异，其具体表达式和各个分量的形式如下

$$Q_2 = Q_{2H} + Q_{2T} + Q_{2\theta} \tag{3-8}$$

式中，Q_{2H} 为层面渗漏量水压分量；Q_{2T} 为层面渗漏量温度分量；$Q_{2\theta}$ 为层面渗漏量时效分量。

由于第 2 章侧重于研究激振力作用下碾压层内参数的渐变规律，采用了无厚度层面单元，而在对碾压混凝土坝渗流进行研究时，考虑到层面渗流对碾压混凝土坝渗流具有重要影响，因此为突出层面的影响，本节首先研究层面厚度和渗透系数的确定方法，并在此基础上研究各分量的表达式。

前述分析表明，层面的渗透性远远强于本体的渗透性，并且层面单元的厚度比其平面特征尺寸小得多，在计算时可以采用等厚度的薄层单元来模拟层面。关于层面厚度的确定，目前工程多采用渗流量等效方法，或者采用有关学者根据试验数据提供的层面厚度的参考值 0.02 cm。然而，也有学者指出按渗流量等效方法计算出的层面厚度不在力学模型确定的层面厚度范围内，并且要小几个数量级，因此层面厚度确定时还需要考虑力学模型确定的层面厚度范围。有关采用力学模型确定层面厚度范围的方法见本书 4.3 节。

一旦确定了层面厚度，可以根据层面厚度、本体等效渗透系数试验值和第 2 章确定的碾压层等效渗透系数，推求层面等效渗透系数。设碾压层平行于层面和垂直于层面方向的等效渗透系数分别为 k_h 和 k_v；本体平行于层面和垂直于层面方向的等效渗透系数分别为 k_{ch} 和 k_{cv}；层面平行于层面和垂直于层面方向的等效渗透系数分别为 k_{ah} 和 k_{av}；层面厚度为 b_a，本体厚度为 b_c，碾压层厚度为 B，则有 $B = b_a + b_c$，如图 3-1 所示。

当渗流垂直于层面时，通过本体、层面和碾压层的渗流量相等，即

$$q_v = q_c = q_a \tag{3-9}$$

式中，q_v 为通过碾压层的渗流量；q_c 为通过本体的渗流量；q_a 为通过层

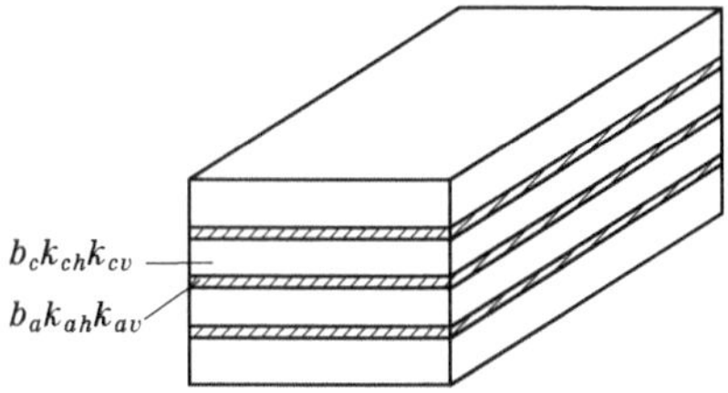

图 3-1 层面渗流分析图

面的渗流量。

设通过碾压层的水头损失为 Δh ,通过本体的水头损失为 Δh_c ,通过层面的水头损失为 Δh_a ,则有

$$\Delta h = \Delta h_c + \Delta h_a \tag{3-10}$$

根据达西定律,可得

$$\left.\begin{aligned} q_v &= k_v \Delta h / BA \\ q_c &= k_{cv} \Delta h_c / b_c A \\ q_a &= k_{av} \Delta h_a / b_a A \end{aligned}\right\} \tag{3-11}$$

式中, A 为渗流截面面积;其他符号含义同前。

联立以上各式可得

$$\frac{B}{k_v} = \frac{b_c}{k_{cv}} + \frac{b_a}{k_{av}} \tag{3-12}$$

则层面垂直于层面方向的等效渗透系数 k_{av} 为

$$k_{av} = b_a / (B/k_v - b_c/k_{cv}) \tag{3-13}$$

同样地,当渗流平行于层面时,层面等效渗透系数和本体等效渗透系数、碾压层等效渗透系数之间的关系为

$$Bk_h = b_c k_{ch} + b_a k_{ah} \tag{3-14}$$

式中各符号含义同前。

利用式(3-14)可以得到层面平行于层面方向的等效渗透系数 k_{ah} 为

$$k_{ah} = (Bk_h - b_c k_{ch}) / b_a \tag{3-15}$$

式(3-13)和式(3-15)便是层面等效渗透系数的求解公式,其中本体等效渗透系数可以通过试验得到,碾压层等效渗透系数采用 2.4 节

方法确定。通过对层面等效渗透系数的分析求解为求取层面渗流分量计算提供了依据，各分量表达式如下。

1. 水压分量 Q_{2H}

利用式(3-13)和式(3-15)确定的层面等效渗透系数 k_{av} 和 k_{ah}，采用有限元计算不同水深 $H(H_1, H_2, \cdots, H_n, n$ 为水深组数) 作用下的层面水压分量 Q'_{2H}，得到层面水压分量 Q'_{2H} 与水深 H 之间的关系曲线，同样考虑库水位变化对大坝渗流影响的滞后效应，H 采用等效水深 H_s，利用多项式拟合层面水压分量 Q'_{2H} 和等效水深 H_s 之间的关系，其关系式为

$$Q'_{2H} = \sum_{i=0}^{3} a_{2i} H_s^i \tag{3-16}$$

式中，a_{2i} 为拟合系数；H_s^i 为坝前等效水深。

由于实际的层面等效渗透系数和计算出的等效渗透系数之间有差异，需对式(3-16)进行调整，将层面水压分量表示为

$$Q_{2H} = Y \sum_{i=0}^{3} a_{2i} H_s^i \tag{3-17}$$

式中，Y 为调整参数；其余符号含义同前。

2. 温度分量 Q_{2T} 和时效分量 $Q_{2\theta}$

坝体温度的改变及时效影响对施工层面影响与本体类似，具体表达式参考式(3-6)和式(3-7)。

综合以上分析，式(3-1)可表示为

$$Q = Q_0 + X \sum_{i=1}^{3} a_{1i} H_s^i + Y \sum_{i=1}^{3} a_{2i} H_s^i + \sum_{i=1}^{2} \left(b_{1i} \sin \frac{2\pi i t}{365} + b_{2i} \cos \frac{2\pi i t}{365} \right) + c_1 \theta + c_2 \ln \theta \tag{3-18}$$

式中，Q_0 为常数项；a_{1i}、a_{2i} 为拟合系数；X、Y、b_{1i}、b_{2i}、c_1、c_2 为回归系数。

首先利用有限元计算本体水压分量和层面水压分量，通过拟合其与等效水深之间的关系曲线，可得拟合系数 a_{1i} 和 a_{2i}；其次根据碾压混凝土坝渗漏量和环境量实测值，对式(3-18)进行最优化分析可得各相

关系数，从而可得碾压混凝土坝渗漏量演变分析混合模型。

3.2.2　碾压混凝土坝渗透压力演变分析混合模型

3.2.1 研究了碾压混凝土坝渗漏量组成及表达方式，包括本体渗漏量和层面渗漏量，建立了碾压混凝土坝渗漏量演变分析的混合模型，它的基本特点是本体水压分量和层面水压分量采用有限元计算，温度分量和时效分量采用统计模式。它与现有的碾压混凝土坝渗流混合模型的区别在于：本书是在层面参数确定的基础上，采用有限元计算层面水压分量，现有的碾压混凝土坝渗流混合模型中层面水压分量采用统计模式，相比而言，本书采用的计算方法能够较好地反映碾压混凝土坝的结构特点。

另外，碾压混凝土坝渗流的监测项目中除与渗流量有关的项目外，还有一类是和水头有关的监测项目，如扬压力、渗透压力等。为了全面了解碾压混凝土坝的渗流性态，还需要对与水头有关的监测项目进行研究，因此本节建立了碾压混凝土坝渗透压力混合模型，不管是渗漏量还是渗透压力，建立混合模型的目的是利用该模型中时效分量的变化规律来综合反映碾压混凝土坝渗流在内外因素作用下的演变特点。采用时效分量对渗流演变状态的判别方法将在 3.3 节研究。

渗透压力主要受上游库水压力的影响，其次是温度和时效，坝体渗透压力可表示为

$$h = h_H + h_T + h_\theta \tag{3-19}$$

式中，h 为总的渗透压力；h_H 表示库水压力对渗透压力的影响，记为水压分量；h_T 表示温度对渗透压力的影响，记为温度分量；h_θ 表示时效对渗透压力的影响，记为时效分量，各分量的表达式如下。

根据本体等效渗透系数 k_{ch} 和 k_{cv} 的试验值，以及上文推导求得的层面等效渗透系数 k_{ah} 和 k_{av}，采用有限元计算不同水深 $H(H_1, H_2, \cdots, H_n$，n 为水深组数）作用下的水压分量 h'_H，得到水压分量与水深 H 之间的关系曲线。由于水压分量是监测日当天及其前期库水位变化影响的综合反映，因此在计算 h'_H 时需要综合考虑前期库水位变化的滞后效应，水深取为等效水深 H_s。在得到水压分量 h'_H 和等效水深 H_s 的关系

曲线后，可以采用多项式进行拟合，由于混凝土材料渗透系数较小，骨料级配和散粒体也有所不同，使得其渗透方程比较复杂，它除与 H_s 的一次方有关外，可能还与 H_s 的更高次方有关，通常将多项式次数取为3次。因此，水压分量 h'_H 的表达式为

$$h'_H = \sum_{i=0}^{3} a_i H_s^i \tag{3-20}$$

式中，a_i 为拟合系数；H_s^i 为坝前等效水深。

由于本体等效渗透系数试验值 k_{ch} 和 k_{cv}，以及由本体等效渗透系数和碾压层等效渗透系数确定的层面等效渗透系数 k_{ah} 和 k_{av} 与实际值之间有差异，需对式(3-20)进行调整，将水压分量表示为

$$h_H = X\sum_{i=0}^{3} a_i H_s^i \tag{3-21}$$

式中，X 为调整参数；其他符号含义同前。

渗透压力的温度分量和时效分量可以分别采用式(3-6)和式(3-7)表示，因此式(3-19)可表示为

$$h = h_0 + X\sum_{i=1}^{3} a_i H_s^i + \sum_{i=1}^{2}\left(b_{1i}\sin\frac{2\pi it}{365} + b_{2i}\cos\frac{2\pi it}{365}\right) + c_1\theta + c_2\ln\theta \tag{3-22}$$

式中，h_0 为常数项；其他符号含义同前。

首先根据有限元计算的水压分量与等效水深之间的关系曲线，求得拟合系数 a_i；其次利用渗透压力和环境量实测资料进行最优化分析，求得系数 X、b_{1i}、b_{2i}、c_1 和 c_2；最后可以得到碾压混凝土坝渗透压力演变分析混合模型。

3.2.3　碾压混凝土坝渗流演变分析最小二乘小波支持向量机模型

由于影响碾压混凝土坝渗流变化的因素较多，而且因素之间存在一定的相关性，因而用传统的回归算法分析渗流变化，其结果的稳健性和精度较低。为克服上述问题，考虑碾压混凝土坝渗流的主要影响因素，本书提出了最小二乘小波支持向量机分析模型。

3.2.3.1　渗流主要影响因素的提取方法

碾压混凝土坝坝体渗流主要来源于本体和层面，影响因素包括水压、变温、降水及时效等，而关于降水的影响可等效到水压影响之中，因此碾压混凝土坝渗流变化可通过水压、温度和时效等分量来表征。本书运用主成分分析方法的思想来提取相对独立的主要影响因素，其主要的技术路线是：将影响碾压混凝土坝渗流变化的一组相关变量，通过线性变换组合成另一组不相关的综合变量，即主要影响因素，变换过程中在保持变量总方差不变的前提下，各个主要影响因素按照方差依次递减的顺序排列。其算法的基本步骤如下：

(1)剔除碾压混凝土坝渗流监测数据序列中的野值，对剔除野值后的数据进行标准化处理。本书采用基于模糊预测系统的观测数据野值剔除方法剔除监测数据序列中的野值，对数据进行标准化处理是为了消除数量级和量纲不同带来的影响。

(2)建立碾压混凝土坝渗流所有影响因素的相关系数矩阵，求解特征值和特征向量。用标准化后的样本计算相关系数矩阵，记为 $\boldsymbol{R} = \frac{1}{l-1}(\boldsymbol{X})^{\mathrm{T}}\boldsymbol{X} = \begin{bmatrix} r_{11} & r_{12} & \cdots & r_{1P} \\ r_{21} & r_{22} & \cdots & r_{2P} \\ \vdots & \vdots & & \vdots \\ r_{P1} & r_{P2} & \cdots & r_{PP} \end{bmatrix}$，式中 $\boldsymbol{X}$ 是标准化后的样本矩阵 $\boldsymbol{X} = \begin{bmatrix} x_{11} & x_{12} & \cdots & x_{1P} \\ x_{21} & x_{22} & \cdots & x_{2P} \\ \vdots & \vdots & & \vdots \\ x_{l1} & x_{l2} & \cdots & x_{lP} \end{bmatrix}$；$l$ 为样本数；P 为变量数。

根据方程 $|\boldsymbol{R} - \lambda_j \boldsymbol{E}| = 0$，可求得 $\boldsymbol{R}$ 的 P 个特征根 $\lambda_j (j = 1, 2, \cdots, P)$，且令 $\lambda_1 \geqslant \lambda_2 \geqslant \cdots \geqslant \lambda_P$，以及相应的特征向量 $\boldsymbol{U}_j$，$U_j = (u_{1j}, u_{2j}, \cdots, u_{Pj})'(j = 1, 2, \cdots, P)$。根据特征根还可以得到第 i 个主要影响因素对样本数据的贡献率

$$e_i = \lambda_i / \sum_{j=1}^{P} \lambda_j \times 100\% \tag{3-23}$$

以及前 i 个主要影响因素的累计贡献率 $\sum_{j=1}^{i} e_j$。

(3)确定主要影响因素。采用主成分分析方法提取碾压混凝土坝渗流主要影响因素时，主要影响因素的个数可根据累计贡献率确定，当前 i 个主要影响因素的累计贡献率大于 85% 时，可认为这 i 个主要影响因素基本保留了渗流影响因素的所有信息，于是主要影响因素矩阵 $\boldsymbol{Y}$ 即为

$$\boldsymbol{Y} = \boldsymbol{X}\boldsymbol{U} \tag{3-24}$$

式中，$\boldsymbol{U}$ 为前 i 个主特征向量矩阵，$\boldsymbol{U} = \{U_1, U_2, \cdots, U_i\}$。

3.2.3.2 渗流效应量在主要影响因素作用下的变化分析

渗流效应量的实测数据是碾压混凝土坝渗流的宏观反映，实测数据序列在主要影响因素作用下的变化规律可以反映碾压混凝土坝渗流的变化。作为一种机器学习算法，最小二乘支持向量机因其训练效率高、学习能力强被广泛用于数据分析中，而其泛化能力和求解精度受到核函数的影响，小波函数具有信号的局部分析、信噪分离和突变信号检测的优势，因此本书采用小波函数作为最小二乘支持向量机的核函数，形成最小二乘小波支持向量机，来提高渗流分析的精度。本节首先简要介绍最小二乘支持向量机算法，并在此基础上，采用小波函数作为最小二乘支持向量机的核函数，构建最小二乘小波支持向量机。最后利用最小二乘小波支持向量机，分析渗流效应量在主要影响因素作用下的变化。

最小二乘支持向量机使用等式约束代替标准支持向量机的不等式约束，将不易求解的全局凸二次规划优化问题转变为易求解的线性 Karush-Kuhn-Tucker 系统，该算法克服了人工神经网络局部优化的缺点，结合函数的复杂性和拟合误差，最小二乘支持向量机的优化问题可表示为

目标函数：

$$\min J(w, b, \xi) = \frac{1}{2} w^{\mathrm{T}} w + \gamma \frac{1}{2} \sum_{i=1}^{l} \xi_i^2 \tag{3-25}$$

约束条件：

$$y_i = w^{\mathrm{T}}\varphi(x_i) + b + \xi_i (i = 1,2,3,\cdots,l) \tag{3-26}$$

式中,超参数 γ 为正则化参数,用于避免过拟合; ξ_i 为第 i 个样本点的训练误差。

建立 Lagrangian 方程

$$L(w,b,\xi,a) = J(w,b,\xi) - \sum_{i=1}^{l} a_i \{w^{\mathrm{T}}\varphi(x_i) + b - y_i + \xi_i\} \tag{3-27}$$

式中, $a_i \in R$ 为 Langrange 乘子,根据优化条件

$$\frac{\partial L}{\partial w} = 0, \quad \frac{\partial L}{\partial b} = 0, \quad \frac{\partial L}{\partial \xi_i} = 0, \quad \frac{\partial L}{\partial a_i} = 0 \tag{3-28}$$

可得

$$w = \sum_{i=1}^{l} a_i\varphi(x_i), \sum_{i=1}^{l} a_i = 0, a_i = \gamma\xi_i, w^{\mathrm{T}}\varphi(x_i) + b + \xi_i - y_i = 0 \tag{3-29}$$

消去变量 w 和 ξ 可得

$$\begin{bmatrix} 0 & 1^{\mathrm{T}} \\ 1 & \boldsymbol{\Omega} + \boldsymbol{\gamma}^{-1}\boldsymbol{I} \end{bmatrix}\begin{bmatrix} b \\ a \end{bmatrix} = \begin{bmatrix} 0 \\ y \end{bmatrix} \tag{3-30}$$

式中, $y = [y_1, y_2, \cdots y_l]^{\mathrm{T}}$; $I = [1,1,\cdots,1]^{\mathrm{T}}$; $a = [a_1, a_2, \cdots a_l]^{\mathrm{T}}$;在 $\boldsymbol{\Omega}$ 矩阵中应用 Mercer 条件

$$\Omega_{ij} = y_i y_j \varphi(x_i)^{\mathrm{T}}\varphi(x_i) = y_i y_j K(x_i, x_j) \tag{3-31}$$

可得最小二乘支持向量机的回归函数为

$$f(x) = \sum_{i=1}^{l} a_i K(x, x_i) + b \tag{3-32}$$

式中, a_i、b 为线性系统的解; $K(x,x_i)$ 为核函数。

任意满足 Mercer 条件的对称函数均可作为核函数,常用的核函数有多项式核函数、径向基核函数和 Sigmoid 函数。这些传统的核函数多是相关甚至是冗余的,而小波核函数则是近似正交的,且适用于信号的局部分析、信噪分离和突变信号的检测,从而可提高最小二乘支持向量机的泛化能力。已有学者证明给定一个母小波 $h(x)$,则小波核函数为

$$K(x,x') = \prod_{j=1}^{d} h(\frac{x_j - m_j}{\partial_j}) h(\frac{x_j' - m_j'}{\partial_i'})$$

$$(x,x' \in R^d; x_j, x_j', m_j, m_j' \in R; \partial_j, \partial_j' \neq 0) \tag{3-33}$$

是一种允许支持向量核。

选择常用的墨西哥草帽函数

$$h(x) = (1 - x^2)\exp(-\frac{x^2}{2}) \tag{3-34}$$

得到墨西哥草帽小波核函数

$$K(x,x') = \prod_{j=1}^{d} (1 - \frac{\| x_j - x'_j \|^2}{\partial_j^2}) \exp(-\frac{\| x_j - x_j' \|^2}{2\partial_j^2}) \tag{3-35}$$

将式(3-35)代入式(3-32)可得最小二乘小波支持向量机的回归函数为

$$f(x) = \sum_{i=1}^{l} a_i \prod_{j=1}^{d} (1 - \frac{\| x_i^j - x_i^{j'} \|^2}{(\partial_i^j)^2}) \exp(-\frac{\| x_i^j - x_i^{j'} \|^2}{2(\partial_i^j)^2}) + b \tag{3-36}$$

式中，∂_i^j 为第 i 个训练数据的第 j 个分量。

要确定小波核函数的 $l \times d$ 个参数 $\partial_i^j (i = 1,2,\cdots,l; j = 1,2,\cdots,d)$ 较为困难，为简化起见，令 $\partial_i^j = \partial$，这样小波核函数的参数就只有一个超参数 ∂，最小二乘小波支持向量机的主要参数就是正则化参数 γ 和小波核参数 ∂。这两个参数在很大程度上决定了最小二乘小波支持向量机的学习和泛化能力，可以采用遗传算法(Genetic Algorithm，简称GA)来确定这两个参数。采用GA优化最小二乘小波支持向量机时，首先对优化的参数进行编码，通常采用二进制进行编码，一个染色体对应一个待求的解；根据适应度函数随机产生初始群体，一般地，高适应度的群体被选到的概率更高，初始群体分别根据相应的概率进行重组、交叉和变异，重组操作根据适应度选择个体，并允许它通过直接复制染色体遗传给下一代，交叉操作通过随机选择一个交叉点并交换交叉点后的染色体信息产生新的染色体，变异操作通过随机改变当前染色体的信息产生新的染色体，经过群体的重组、交叉和变异后便产生了新的群体;然后对新产生群体的适应度进行评价并依据取代策略取代之前的群体;重复进行这样的 GA 循环直到得到最优适应度的群体,此时群体的染色体对应的解就是参数的最优解。

通过上述分析可知,采用最小二乘小波支持向量机方法对渗流变化分析的主要步骤是:首先从渗流的影响因素,包括水压、温度、时效因子中提取渗流主要影响因素;其次将提取出的主要影响因素和效应量序列输入最小二乘小波支持向量机;最后对最小二乘小波支持向量机的参数进行遗传算法优化,构建渗流在时间尺度上随主要影响因素变化的分析模型,得到渗流效应量的输出值,具体算法计算过程见图 3-2。得到渗流随主要影响因素变化的最小二乘小波支持向量机分析模型后,可以对渗流变化趋势进行分析;同时,还可以利用该分析模型的输出值,对渗流状态进行判别。具体判别方法在 3.3 节中研究。

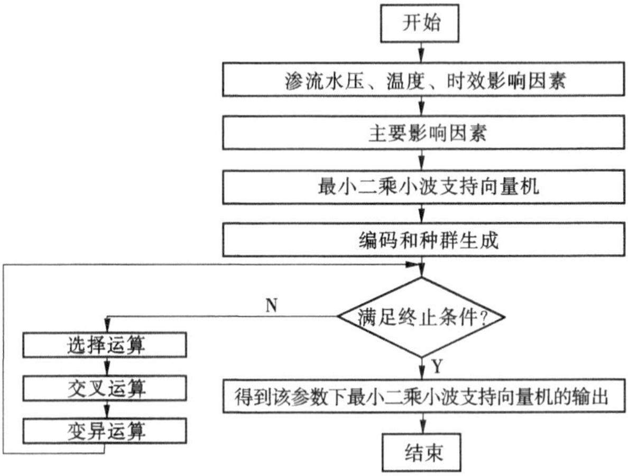

图 3-2 最小二乘小波支持向量机模型计算过程

3.2.4 碾压混凝土坝渗流演变混沌分析方法

大坝在运行过程中既表现出确定性特点,又存在着不确定性的特征,是一个复杂的非线性动力系统,有关学者通过对渗流效应量的观测序列进行分析,发现大坝渗流具有混沌特征,即大坝渗流在各种因素的影响下表现为看似无规则的时间序列,但其内部存在一定的规律性,表现为奇怪吸引子。然而,目前对碾压混凝土坝渗流混沌特性的分析研究尚少,因此本节首先研究碾压混凝土坝渗流的混沌特征量,包括奇怪吸引子的维数、Lyapunov 指数和 Kolmogorov 熵,据此判断碾压混凝土坝渗流在变化过程中是否具有混沌特征,并刻画其混沌程度;在此基础上,对碾压混凝土坝渗流序列进行相空间重构,研究碾压混凝土坝渗流在相空间中的变化,直观表示如图 3-3 所示。

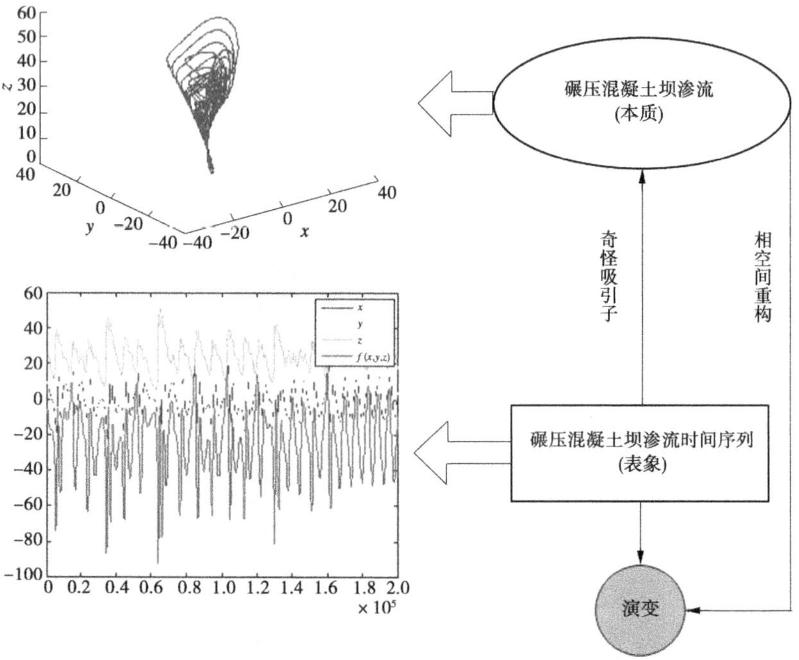

图 3-3 碾压混凝土坝渗流混沌分析

3.2.4.1 碾压混凝土坝渗流演变混沌识别

本节通过计算碾压混凝土坝渗流的维数、最大 Lyapunov 指数等特征量,判断碾压混凝土坝渗流演变是否具有混沌特征,以此揭示渗流演变的内在规律。

1. 渗流维数

碾压混凝土坝渗流在随时间的变化过程中，其变化将会收敛到吸引子的低维集合上，如果变化是混沌的，这些吸引子将是不规则的，可用维数来描述其不规则的变化。

维数在几何上可以直观地表示为 $V \sim r^D$，其中 V 是某种测度（比如体积），r 表示测量的尺度（比如长度）。对于直线，V 和 r 一样，线型的维数是1；对于平面图形，它的面积和边长的平方成正比，即平面图形的维数为2。所以，通常情况下可以将维数用下式表示

$$D = \lim_{r \to 0} \frac{\ln(V)}{\ln(r)} \tag{3-37}$$

式(3-37)定义了碾压混凝土坝渗流影响因素集合的局部维数，整个集合的维数应该是各个局部维数的某种平均。对于渗流相空间中的混沌吸引子 A，若 $B \subseteq A$，则 B 的测度可用下式表示

$$\begin{aligned} \mu(B) &= \lim_{r \to 0} \frac{1}{T} \int_0^T I_B[\varphi_t(x_0)]\mathrm{d}t \\ I_B(x) &= \begin{cases} 1 & x \in B \\ 0 & x \notin B \end{cases} \end{aligned} \tag{3-38}$$

式中，φ_t 表示渗流；x_0 为渗流的初始状态。

B 的尺度可用其直径表示，若记 $B_x(r)$ 为中心在相点 x、半径为 r 的闭球，即 $B_x(r) = \mu[B_x(r)]$，则在相点 x 外的逐点维数可用下式表示

$$D_P(x) = \lim_{r \to 0} \frac{\ln[\overline{B}_x(r)]}{\ln(r)} \tag{3-39}$$

因逐点维数也是一个局部概念，整个集合的维数需对其求平均，记为

$$D_P = \int_A D_P(x)\mathrm{d}\mu(x) \tag{3-40}$$

采用 Grassberger 和 Procaccia 提出的对逐点维数进行算术平均的关联维数求解算法，记 $\{X_i, i = 1,2,\cdots,N\}$ 为试验测得的相空间中 N 个相点，设

$$\begin{cases} C(r) = \langle \overline{B}_x(r) \rangle = \dfrac{1}{2}\sum_{j=1}^{N} \overline{B}_{x_j}(r) \\ \overline{B}_{x_j}(r) \approx \dfrac{\#\{x_i : i \neq j \text{ 且 } |x_i - x_j| \leq r\}}{N-1} \end{cases} \tag{3-41}$$

式中，# 为满足条件的相点数目。

相点 $x_i, x_j (i,j = 1,2,\cdots,N)$ 之间的距离 $\rho(x_i,x_j)$ 为

$$\rho(x_i,x_j) = \sqrt{\sum_{k=1}^{m} (x_{ik} - x_{jk})^2} \tag{3-42}$$

N 个 m 维相点中，两点间距离小于 r 的概率 $c_m(r)$ 为

$$c_m(r) = \frac{1}{N^2}\sum_{\substack{i,j=1 \\ i\neq j}}^{N} \theta[r - \rho(x_i,x_j)] \tag{3-43}$$

式中，θ 为 Heaviside 函数。

任意给定正数 r（临界距离），相空间中凡是距离小于 r 的向量称为关联向量，当 r 在一定范围内取值时，渗流的关联维数 D_2 表示为

$$D_2 = \lim_{r\to 0} \frac{\ln[c_m(r)]}{\ln(r)} \tag{3-44}$$

在实际应用中，可由 $\ln[c_m(r)]$ 与 $\ln(r)$ 的关系曲线中线性部分的斜率求得关联维数 D_2，当嵌入维数 m 较小时，D_2 随着 m 的增大而增大，当 m 增大到一定程度后，D_2 不再变化或者变化很小，此时 m 为饱和嵌入维数，D_2 为渗流的关联维数（也可以称作渗流的混沌吸引子）。

2. 渗流 Lyapunov 指数

Lyapunov 指数不仅表征渗流的稳定性，还表明渗流临近轨道的辐散或辐合程度。对于 m 维渗流，存在 m 个 Lyapunov 指数 $\lambda_i (i = 1, 2,\cdots,m)$，如果其中最大的 Lyapunov 指数 $\lambda_{max} \geq 0$，说明渗流存在混沌特性。

在实际应用中，通常需要计算渗流的最大 Lyapunov 指数 λ_{max}，Wolf 等于 1985 年提出了基于相轨线、相平面、相体积的演化来估计 Lyapunov 指数，即 Wolf 方法，它在混沌的研究中应用非常广泛。

设渗流时间序列为 $y_1, y_2, \cdots, y_n$，嵌入维数为 m，时间延迟为 τ，

则重构相空间

$$Y(t_i) = \{y(t_i), y(t_i+\tau), y(t_i+2\tau), \cdots, y[t_i+(m-1)\tau]\}$$
$$(i = 1,2,\cdots,n) \tag{3-45}$$

取初始点 $Y(t_0)$，设其与最邻近点 $Y_0(t_0)$ 的距离为 L_0，追踪这两点随时间的演变，直到 t_1 时刻，其间距超过规定值 $\varepsilon > 0, L_0' = |Y(t_1) - Y_0(t_1)| < \varepsilon$，保留 $Y(t_1)$，并在 $Y(t_1)$ 附近另找一个点 $Y_1(t_1)$，使得 $L_1 = |Y(t_1) - Y_1(t_1)| < \varepsilon$，并且与之夹角尽可能的小。继续上述过程，直至 $Y(t)$ 到达时间序列的终点 N，这时追踪演变过程总的迭代次数为 M，最大的 Lyapunov 指数为

$$\lambda_{\max} = \frac{1}{t_M - t_0}\sum_{i=0}^{M}\ln\left(\frac{L_i'}{L_i}\right) \tag{3-46}$$

3. 渗流 Kolmogorov 熵

考虑一个 n 维动态系统，假定状态空间被分割成一个个边长为 ε 的 n 维正方体盒子，对于状态空间中的一个吸引子和一条落在吸引域中的轨道 $x(t)$，如果 $p(i_1, i_2, \cdots, i_m)$ 是 $x(\Delta t)$ 落在盒 i_1 中、$x(2\Delta t)$ 落在盒 i_2 中 $\cdots x(m\Delta t)$ 落在盒 i_m 中的联合概率，则 Kolmogorov 熵为

$$K = -\lim_{\Delta t\to 0}\lim_{\varepsilon\to 0}\lim_{m\to\infty}\frac{1}{m\Delta t}\sum_{i_1,i_2,\cdots,i_m}P(i_1,i_2,\cdots,i_m)\ln P(i_1,i_2,\cdots,i_m) \tag{3-47}$$

Kolmogorov 熵（K）是用来度量系统运动混乱或无序程度的量。如果渗流是有序系统，则运动是规则的，$K = 0$；如果渗流是随机系统，则 $K = \infty$；如果渗流是混沌系统，则 $0 < K < \infty$，而且 K 越大，混沌程度越大。

3.2.4.2 渗流相空间重构

在碾压混凝土坝渗流变化过程中，任意一个状态变量的演变都是由与之相互作用的其他状态变量决定的，所以这些相关变量的信息就隐含在任意一个分量的发展过程中。为了重构一个渗流等价的状态空间，可以研究一个渗流效应量，并将它在某些固定的时间延迟点进行新维处理，即通过“嵌入”的方式构造出一个与原渗流等价的状态空间，并在这个空间中恢复原有的动力系统，即重构渗流相空间。

动力学的研究发现单变量时间序列蕴藏着参与动态过程的全部信息,因此可以采用渗流效应量监测序列来综合反映碾压混凝土坝渗流的演变过程。设渗流中存在一组时间间隔为 Δt 的单变量时间序列 y_1, $y_2,\cdots,y_n$,则具有 m 个状态的变量 y_i 随时间演变的非线性动力学方程组为

$$\frac{\mathrm{d}y_i}{\mathrm{d}t} = f_i(y_1,y_2,\cdots,y_m) \quad (i = 1,2,\cdots,m) \tag{3-48}$$

对于式(3-48)所描述的 m 维渗流,通过简化可以将其变换为一个 m 阶非线性微分方程

$$y^{(m)} = f[y,y',\cdots,y^{(m-1)}] \tag{3-49}$$

变换后的动力系统轨迹为

$$Y(t) = [y(t),y'(t),\cdots,y^{(m-1)}(t)]^{\mathrm{T}} \tag{3-50}$$

式(3-50)可以用不连续的时间序列 $y(t)$ 和它的 $m-1$ 个时滞量表示,即

$$Y(t) = \{y(t),y(t+\tau),y(t+2\tau),\cdots,y[t+(m-1)\tau]\} \tag{3-51}$$

式中,τ 为延滞时间参数。

将 $y(t)$ 延拓成 m 维相空间的相型分布,表示为

$$\left.\begin{array}{l} Y(t_1):y(t_1),y(t_1+\tau),y(t_1+2\tau),\cdots,y[t_1+[m-1)\tau] \\ Y(t_2):y(t_2),y(t_2+\tau),y(t_2+2\tau),\cdots,y[t_2+(m-1)\tau] \\ Y(t_3):y(t_3),y(t_3+\tau),y(t_3+2\tau),\cdots,y[t_3+(m-1)\tau] \\ \qquad\qquad\qquad\vdots \\ Y(t_N):y(t_N),y(t_N+\tau),y(t_N+2\tau),\cdots,y[t_N+(m-1)\tau] \end{array}\right\} \tag{3-52}$$

式中,$Y(t_i)$ 为相点,是 m 维矢量,对应式(3-52)中的每一行元素,即每个相点 $Y(t_i)$ 的坐标为 $\{y(t_i),y(t_i+\tau),\cdots,y[t_i+(m-1)\tau]\}$;相空间中,相点数有 N 个,其中 $N = n-(m-1)$,N 个 m 维相点在相空间中构成一个相型,按时间顺序将各相点用线连起来,便表示了渗流在 m 维相空间中的轨迹曲线。

τ 和 m 并非孤立选取的，为了保证相空间重构的质量，需要考虑二者之间的相互作用，C－C 法可以同时确定 τ 和 m 。它的基本思路如下：

用 $C(m,N,r,k)$ 表示 m 维相空间两点间距离不大于 r 的概率，假如对于每一个 r ，当 $N \to \infty$ 时，$C(m,N,r,k)$ 的极限存在，记为 $C(m,r,k)$ 。

引入函数 $S(m,N,r,k)$ ，使得

$$S(m,N,r,k) = C(m,N,r,k) - C^m(1,N,r,k) \tag{3-53}$$

确定延迟时间主要是考察 $S(m,N,r,k)$ 对延迟时间指数的依赖性。为了研究非线性依赖关系并且消除与时间有关的伪关联性，将时间序列 $\{y_i\}(i = 1,2,\cdots,n)$ 分成 k 个不相交的子序列，这里 k 是延迟时间指数。$S(m,N,r,k)$ 可由这些不相交的子序列计算

$$S(m,N,r,k) = \frac{1}{k}\sum_{s=1}^{k}\left[C_s(m,N/k,r,k) - C_s(1,N/k,r,k)\right] \tag{3-54}$$

当 $N \to \infty$ 时，有

$$S(m,r,k) = \frac{1}{k}\sum_{s=1}^{k}\left[C_s(m,r,k) - C_s^{\ m}(1,r,k)\right](m = 2,3,\cdots) \tag{3-55}$$

固定 m 和 k ，如果数据是独立同分布的，则当 $N \to \infty$ 时，对于所有的 r ，$S(m,r,k)$ 恒等于零。但是，实际的数据是有限的，而且数据间通常是序列相关的。因此，一般情况下 $S(m,r,k) \neq 0$ ，于是局部最优时间可以在 $S(m,r,k)$ 为零时选取，或者在 $S(m,r,k)$ 对所有的 r 表现出最小的变化时选取，因为这表明所有点几乎是均匀分布的，因此选择 n 个代表性的 r_j ，定义

$$\Delta S(m,k) = \max\{S(m,r_j,k)\} - \min\{S(m,r_j,k)\} \tag{3-56}$$

式(3-56)度量了 $S(m,r,k)$ 对于 r 的差别。$S(m,r,k)$ 的零点对于所有的 m 和 r 应该是相同的，并且 $\Delta S(m,k)$ 的最小值对于所有的 m 也应该是相同的；否则，时间不是局部最优的，延迟时间对应于这些局部最优时间的第一个。

数值试验表明，当 $2 \leqslant m \leqslant 5, \sigma/2 \leqslant r \leqslant 2\sigma, N \geqslant 500$ 时，时间参数的选择能够取得较好的效果，这里 σ 为数据序列的标准差。取 $m = 2,3,4,5$ ，$r_i = 0.5i\sigma(i = 1,2,3,4)$ ，根据式(3-55)和式(3-56)定义如下平均量

$$\bar{S}(k) = \frac{1}{16}\sum_{m=2}^{5}\sum_{j=1}^{4} S(m, r_j, k) \tag{3-57}$$

$$\Delta\bar{S}(k) = \frac{1}{4}\sum_{m=2}^{5}\Delta S(m, k) \tag{3-58}$$

$$S_{\mathrm{cor}}(k) = \Delta\bar{S}(k) + |\bar{S}(k)| \tag{3-59}$$

$\bar{S}(k)$ 的第一个零点，或 $\Delta\bar{S}(k)$ 的第一个极小值点对应的时间就为延迟时间 τ ；$S_{\mathrm{cor}}(k)$ 的最小值点对应的时间为延迟时间窗 τ_w ，由关系式 $\tau_w = (m - 1)\tau$ 可以得到嵌入维数 m 。

3.2.4.3 相空间中渗流演变分析

对渗流进行相空间重构后，在相空间中的每一个相点表示渗流的一个状态。设 t_k 时刻，参考相点为 $Y(t_k)$ ，其最邻近点为 $Y_{nbi}(t_{bi})$ ，$Y_{nbi}(t_{bi})$ 与 $Y(t_k)$ 之间的关系可表示为

$$Y_{nbi}(t_{bi}) = \min[\ \| Y(t_k) - Y(t_{bi}) \|\ ] \quad (i = 1,2,\cdots,N - 1) \tag{3-60}$$

设 t_1 时刻，相点 $Y(t_1)$ 的最邻近相点为 $Y(t_{b1})$，$Y(t_1)$ 与 $Y(t_{b1})$ 之间的距离 d_1 为

$$d_1 = \{[y(t_1) - y(t_{b1})]^2 + [y(t_1 - \tau) - y(t_{b1} - \tau)]^2 + \cdots + [y(t_1 - (m - 1)\tau) - y(t_{b1} - (m - 1)\tau)]^2\}^{\frac{1}{2}} \tag{3-61}$$

同样地，在 t_2 时刻，可以计算得到相点 $Y(t_2)$ 与其最邻近相点 $Y(t_{b2})$ 之间的距离，记为 d_2 ，以此类推，直到相空间的终点，得到最邻近点之间距离演变序列 d

$$d = (d_1, d_2, \cdots, d_j) \quad (j = 1,2,\cdots,N - m + 1) \tag{3-62}$$

可以采用最邻近点之间距离演变序列 d 表征渗流在相空间中的变化过程。

另外，对序列 d 作快速傅里叶变换

$$d_k = \frac{1}{\sqrt{N-m+1}} \sum_{j=1}^{N-m-1} d_j e^{\frac{-i2\pi jk}{N-m+1}} \tag{3-63}$$

可得序列 d 的功率谱和频率 f，它能反映渗流演变的内在规律性，功率谱可以表示渗流变化的相对剧烈程度，利用频率 f 可以得到渗流序列的类周期（或称拟周期）$T = 1/f$。

3.3　碾压混凝土坝渗流状态判别方法

碾压混凝土坝在外界客观环境因素改变和内在结构因素变化的共同影响下，渗流发生随时间的演变过程。当外部遭遇特殊荷载（如特大洪水等）时，会造成坝体内水力坡降过大、渗漏量过大等现象，使得渗流发生异常；内部防渗排水结构发生变化，如防渗体局部失效、排水孔堵塞等，也会造成坝体和基岩的渗透性能发生变化，也有可能使得渗流发生异常。研究碾压混凝土坝渗流状态的判别方法，对碾压混凝土坝渗流工作性态的安全与预警具有重要作用。

3.3.1　渗流状态时效分量判别法

在式（3-18）和式（3-22）表示的碾压混凝土坝渗流混合分析模型中存在时效分量 Q_θ 和 h_θ，为方便表述统一记为 y_θ。时效分量 y_θ 综合反映了坝前淤积、帷幕老化、排水失效等影响，能综合反映碾压混凝土坝渗流的演变特点，是衡量碾压混凝土坝渗流状态的重要指标，利用时效分量对碾压混凝土坝渗流状态进行判别，方法如下。

（1）正常。时效分量逐渐趋于稳定或减小

$$\frac{dy_\theta}{dt} \leqslant 0 \tag{3-64}$$

这表明碾压混凝土坝渗流处于正常状态。

（2）基本正常。时效分量以不断变小的速率增大并逐渐趋于稳定

$$\frac{dy_\theta}{dt} > 0, \quad \frac{d^2 y_\theta}{dt^2} < 0 \tag{3-65}$$

这种情况说明碾压混凝土坝渗流处于基本正常的状态。

(3)异常。时效分量发散,表现为在一段时间内以常速率发展

$$\frac{\mathrm{d}y_\theta}{\mathrm{d}t} > 0, \quad \frac{\mathrm{d}^2 y_\theta}{\mathrm{d}t^2} = 0 \tag{3-66}$$

这种情况反映出碾压混凝土坝存在某种或某些危及大坝安全的因素,大坝渗流处于异常状态。

(4)险情。时效分量发散,且加速增长

$$\frac{\mathrm{d}y_\theta}{\mathrm{d}t} \gg 0, \quad \frac{\mathrm{d}^2 y_\theta}{\mathrm{d}t^2} > 0 \tag{3-67}$$

渗流时效分量持续增长,并在变化过程中出现突然增大的现象,表明碾压混凝土坝的渗流性态已发生恶化,并可能向恶化的方向发展,渗流处于险情状态。

3.3.2 渗流状态最小二乘小波支持向量机模型判别法

采用最小二乘小波支持向量机分析模型得到 t 时刻效应量的输出值 $\hat{y}(t)$ 后,可以和 t 时刻的实测值 $y(t)$ 进行比较,根据概率统计理论,$|y(t) - \hat{y}(t)|$ 落入 $[0,2S]$ 的概率为 95.5%,落入 $[0,3S]$ 的概率为 99.7%,S 为最小二乘小波支持向量机分析模型标准差。据此,可以根据最小二乘小波支持向量机模型对渗流状态进行判别,主要有以下几种情况:

(1)正常。模型输出值 $\hat{y}(t)$ 与实测值 $y(t)$ 之差在 2 倍标准差之内

$$|y(t) - \hat{y}(t)| \leqslant 2S \tag{3-68}$$

这种情况表示碾压混凝土坝渗流处于正常状态。

(2)基本正常。模型输出值 $\hat{y}(t)$ 与实测值 $y(t)$ 之差在 2 倍标准差和 3 倍标准差之间,测值无趋势性变化

$$2S < |y(t) - \hat{y}(t)| \leqslant 3S, \quad \frac{\mathrm{d}y(t)}{\mathrm{d}t} \leqslant 0 \tag{3-69}$$

这种情况反映了碾压混凝土坝渗流处于基本正常状态。

(3)异常。模型输出值 $\hat{y}(t)$ 与实测值 $y(t)$ 之差在 2 倍标准差和 3

倍标准差之间,测值有趋势性变化

$$2S < | y(t) - \hat{y}(t) | \leqslant 3S, \quad \frac{\mathrm{d}y(t)}{\mathrm{d}t} > 0 \tag{3-70}$$

这种情况说明碾压混凝土坝存在某种或某些危及安全的隐患,大坝渗流处于异常状态。

(4)险情。模型输出值 $\hat{y}(t)$ 与实测值 $y(t)$ 之差在 3 倍标准差之外

$$| y(t) - \hat{y}(t) | > 3S \tag{3-71}$$

这种情况表明碾压混凝土坝的隐患已发生恶化,并有可能继续向恶化的方向发展,渗流处于险情状态。

3.3.3　基于混沌理论的渗流状态判别方法

上文研究了碾压混凝土坝渗流的混沌特征量,包括维数、Lyapunov 指数和 Kolmogorov 熵,并研究了碾压混凝土坝渗流相空间重构方法,本节将在此基础上,研究基于混沌理论的碾压混凝土坝渗流状态判别方法。

3.3.3.1　**渗流状态的 Lyapunov 指数判别法**

设 n 维渗流具有如下形式

$$\frac{\mathrm{d}y_i}{\mathrm{d}t} = f_i(y_1, y_2, \cdots, y_n) \quad (i = 1,2,\cdots,n) \tag{3-72}$$

渗流随时间的变化,可由 n 个变量 $(x_1, x_2, \cdots, x_n)$ 构成相空间轨道描述。若渗流的初始时刻为 t_0,相空间轨道上一点 $x_0 = [x_1(t_0), x_2(t_0), \cdots, x_n(t_0)]$ 有一小偏差 δx,则由 $x_0 + \delta x$ 出发,形成另一轨道。δx 在相空间中的变化受以下微分方程组控制

$$\frac{\mathrm{d}\delta x_i}{\mathrm{d}t} = \sum_{j=1}^{n} A_{ij}\delta x_j \quad (i = 1,2,\cdots,n) \tag{3-73}$$

式中,A_{ij} 为 Jacobi 矩阵的元素,且

$$A_{ij} = \left. \frac{\partial f_i(x_1, x_2, \cdots, x_n)}{\partial x_j} \right|_{(x_1, x_2, \cdots, x_n)} \tag{3-74}$$

Jacobi 矩阵的特征值在一段时间内的平均值 $\lambda_i (i = 1,2,\cdots,n)$ 就为 Lyapunov 指数。

设渗流在 $T_1, T_2, \cdots, T_k$ 时段内的 Lyapunov 指数分别为 $\lambda_j(j = 1, 2, \cdots, k)$，则 λ_j 的变化可以反映渗流在相空间中的变化特征：$\lambda_j < 0$，说明渗流是稳定的；$\lambda_j > 0$，说明渗流存在不稳定因素，且 λ_j 越大，混沌程度越高。

3.3.3.2 渗流状态的熵变判别法

影响渗流性态的因素有很多，但无外乎是内部因素和外部因素。内部因素主要是坝体混凝土本体和层面孔隙率的变化、排水孔是否失效、防渗帷幕是否被击穿等，外部因素主要是上下游水位、温度变化等。内部因素引起的熵变是熵产生项，外部因素引起的熵变是熵流项。熵流项可以经过物质和能量的交换对熵产生项进行约束和改变，使得渗流性态发生变化。为此，引入"熵"的概念，来描述渗流性态的变化特征，渗流场的总熵变表示为

$$\begin{cases} \Delta S^H = \Delta S_I^H + \Delta S_E^H \\ \Delta S_I^H = \sum_{i=1}^{m} k_i \Delta S_i, \Delta S_E^H = \sum_{j=1}^{m} k_j \Delta S_j \end{cases} \tag{3-75}$$

式中，ΔS^H 为渗流的总熵变；ΔS_I^H 是指碾压混凝土坝渗流在演变过程中所呈现的有效能量逐渐减小的不可逆过程的系统状态函数，它主要由内部因素引起，是导致渗流演变的重要原因，其值恒为正；ΔS_E^H 是指碾压混凝土坝渗流不断与外界环境进行能量和信息交换，在诸要素的非线性作用下，呈现出的有效净能不断增加而无效能耗逐渐减少，有序度增加的状态函数，它主要由外部因素引起，其值没有确定的正负号；ΔS_i、ΔS_j 为第 i、j 种因素引起的熵变；k_i、k_j 为第 i、j 种因素引起熵变的权重。

从式(3-75)可知，渗流总熵变 ΔS^H 是各种熵变之和，它的大小可以反映渗流的演变状态，表示为

$$\begin{cases} \Delta S^H > 0 & \text{渗流向稳定方向演变，渗流处于正常状态} \\ \Delta S^H = 0 & \text{渗流处于临界状态} \\ \Delta S^H \ll 0 & \text{渗流向失稳方向演变，渗流可能发生异常} \end{cases} \tag{3-76}$$

同时，由式(3-76)还可以看出，渗流总熵变 ΔS^H 是由各影响因素的

熵变以一定权重组合而成的，如前所述，渗流的影响因素众多，包括内部因素和外部因素，然而渗流效应量的原型观测数据也是众多影响因素作用的结果，因此可以采用渗流主要效应量的时间序列来表示渗流熵变，表示为

$$\Delta S^{H} = k_h \Delta S_h + k_Q \Delta S_Q \tag{3-77}$$

式中，k_h 和 k_Q 为渗透压力熵变和渗漏量熵变的权重；ΔS_h 和 ΔS_Q 为渗透压力熵变和渗漏量熵变。

对于一组渗流效应量时间序列 $y(1), y(2), \cdots, y(N)$，其熵值计算过程如下：

(1)按序号连续顺序组成一组 m 维矢量：从 $Xm(1)$ 到 $Xm(N-m)$，其中 $Xm(i) = [u(i), u(i+1), \cdots, u(i+m-1)](i = 1 \sim N-m)$。

(2)定义矢量 $Xm(i)$ 和 $Xm(j)$ 之间的距离 $d[Xm(i), Xm(j)]$ 为两者对应元素中差值最大的一个，即 $d[Xm(i), Xm(j)] = \max(|y(i+k) - y(j+k)|)$，其中 $k = 0 \sim m-1; i,j = 1 \sim N-m; i \neq j$。

(3)给定阈值 r，对每个 $i \leqslant N-m$ 的值，统计 $d[Xm(i), Xm(j)]$ 小于 r 的数目(称为模板匹配数)及此数目与距离总数 $N-m-1$ 的比值，记作 $B_r^m(i) = N^m(i)/(N-m-1)$，求其对所有 i 的平均值 $B^m(r) = \sum_{i=1}^{N-m} B_r^m(i)/(N-m)$。

(4)增加维数到 m，重复上述步骤(2)和步骤(3)，得到 $B^{m+1}(r) = \sum_{i=1}^{N-m} B_r^{m+1}(i)/(N-m)$。

(5)计算熵值 $S = -\ln[B^{m+1}(r)/B^m(r)]$。

通过上述分析了解渗透压力和渗漏量时间序列的熵值计算方法后，便可以计算不同时段的熵值，从而得到渗透压力和渗漏量的熵变 ΔS_h 和 ΔS_Q，代入式(3-77)可得 ΔS^H，并根据式(3-76)来分析渗流的演变。

3.4　工程实例

3.4.1　工程概况

某水电站位于广西壮族自治区天峨县境内，是红水河梯级开发的“龙头”水电站，具有发电、防洪、航运等综合效益。工程分两期建设：前期正常蓄水位 375 m，校核洪水位 381.84 m，坝顶高程 382 m；后期正常蓄水位 400 m，校核洪水位 404.74 m，坝顶高程 406.5 m。大坝坝型为碾压混凝土重力坝，共分为 32 个坝段，其中：1# ~ 4#、6# ~ 11# 为右岸重力坝段，5# 为通航坝段，12# ~ 19# 为溢流坝段，22# ~ 30# 为厂房坝段，20# ~ 21#、31# ~ 32# 为左岸重力坝段。渗透压力通过在监测孔内布置渗压计进行监测，以 11# 典型坝段的渗压计 UP-1 和 UP-3 测值为例进行研究。为了考虑初始状态的影响，将资料序列均取为相对于起测日 2006 年 9 月 21 日的相对值。

3.4.2　渗透压力演变分析混合模型

利用碾压层等效渗透系数的确定方法，得到碾压层平行于层面和垂直于层面方向的等效渗透系数分别为 1.31×10^{-8} cm/s 和 1.18×10^{-10} cm/s，本体平行于层面和垂直于层面方向的等效渗透系数试验值分别为 2.97×10^{-11} cm/s 和 5.01×10^{-11} cm/s，计算得到层面平行于层面和垂直于层面方向的等效渗透系数分别为 8.74×10^{-5} cm/s 和 5.68×10^{-8} cm/s，从而采用图 4-9 所示的有限元模型，计算水压分量，得到拟合系数后，根据测点 UP-1 和 UP-3 的实测资料，利用式(3-22)求得常数项和回归系数等参数，得到上述 2 个测点渗透压力演变分析的混合模型表达式如下。

UP-1 渗透压力混合模型表达式

$$h_1 = -0.21 + 5.601\times10^{-3}H_s + 5.313\times10^{-5}H_s^2 - 3.147\times10^{-8}H_s^3 + 1.013\sin\frac{2\pi t}{365} + 0.533\sin\frac{4\pi t}{365} + 0.561\cos\frac{4\pi t}{365} - 7.889\theta + 44.14\ln\theta \tag{3-78}$$

UP-3 渗透压力混合模型表达式

$$h_3 = -0.13 + 2.159 \times 10^{-3} H_s + 1.087 \times 10^{-5} H_s^2 + 4.516 \times 10^{-8} H_s^3 - 0.241 \sin \frac{2\pi t}{365} + 0.152 \cos \frac{2\pi t}{365} + 0.949\theta - 0.593 \ln\theta \tag{3-79}$$

2 个测点实测值、混合模型拟合值和残差过程线如图 3-4 所示。

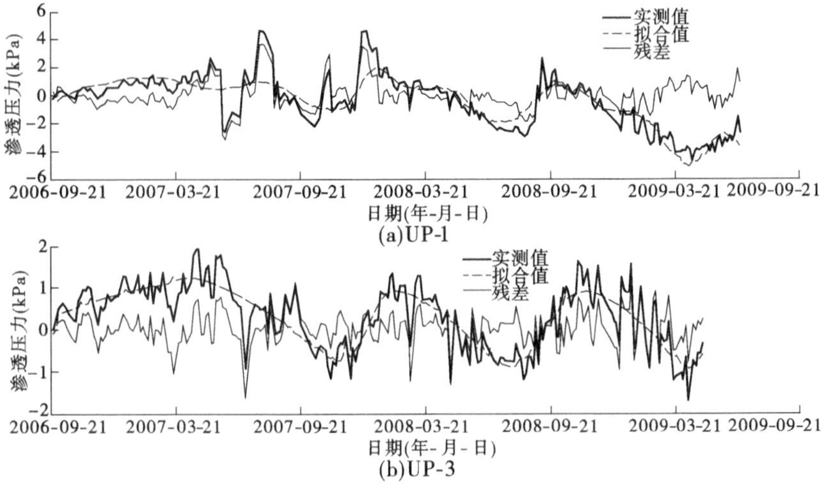

图 3-4　渗透压力实测值、拟合值和残差过程线

根据上述求得的渗透压力混合模型表达式，对 2 个测点时效分量按时间求导，对于 2 个测点，均有 $\frac{\mathrm{d}y_\theta}{\mathrm{d}t} < 0$，说明根据时效分量序列对 2 个测点渗透压力状态的判别结果为正常。

3.4.3　渗透压力演变分析最小二乘小波支持向量机模型

首先采用主成分分析方法提取渗透压力主要影响因素，前 3 个主要影响因素的累计贡献率已大于 85%，认为这 3 个主要影响因素已包含原变量的信息。将前 3 个主要影响因素输入最小二乘小波支持向量机，并对参数进行遗传算法优化，得到 UP-1 和 UP-3 测点的参数 (γ, ∂) 分别为 (2.80, 0.057) 和 (30.59, 0.005 9)，从而可以得到 2 个测点的最小二乘小波支持向量机模型输出结果，为了说明该模型的有效性，引

入复相关系数 R ，并将其与传统统计模型的计算结果进行比较，如表 3-1所示。

表 3-1 统计模型、最小二乘小波支持向量机模型的复相关系数

复相关系数 R	UP-1	UP-3
统计模型	0.83	0.87
最小二乘小波支持向量机模型	0.85	0.98

由表 3-1 可见，对于 UP-1，两种模型的复相关系数接近；对于 UP-3，最小二乘小波支持向量机模型的复相关系数与统计模型相比有较大提高。这说明最小二乘小波支持向量机模型在克服因子相关性、减少计算量的同时，也提高了模型精度。

采用最小二乘小波支持向量机分析模型对渗透压力状态进行判别时需要计算该模型的标准差，经计算 2 个测点的标准差分别为 0.84 kPa 和 0.41 kPa；对于测点 UP-1 和 UP-3，在监测时段内均有 $|y - \hat{y}| < 2S$ ，说明 2 个测点的渗透压力处于正常状态。

3.4.4 渗透压力演变混沌分析

由于渗透压力实测全序列包含了一些确定性因素如水压、温度、降雨等，为了更好地反映渗流的非确定性信息，本书对其残差序列进行相空间重构，来反映渗流的动力学特征，由于最小二乘小波支持向量机模型的精度比统计模型高，采用最小二乘小波支持向量机模型得到的渗透压力残差序列，进行相空间重构。

利用 Matlab 编制程序，确定相空间重构的嵌入维数 m 和时间延迟 τ 。2 个测点的 S、ΔS 和 S_{cor} 随时间延迟指数 k 的变化关系见图 3-5。

由图 3-5 可以看出，对于 UP-1 测点，ΔS 第一次达到极小值时 $k = 4$ ，S_{cor} 取最小值时 $k = 3$ 。根据 $\tau_w = (m - 1)\tau$ ，可知对于 UP-1 测点，最小嵌入维数为 2；同理可得，UP-3 测点的最小嵌入维数为 3。

根据上述确定的延迟时间和最小嵌入维数，重构 UP-1 和 UP-3 测点渗透压力残差序列的相空间，并绘制 $\ln C_m(r) \sim \ln(r)$ 曲线，分别如

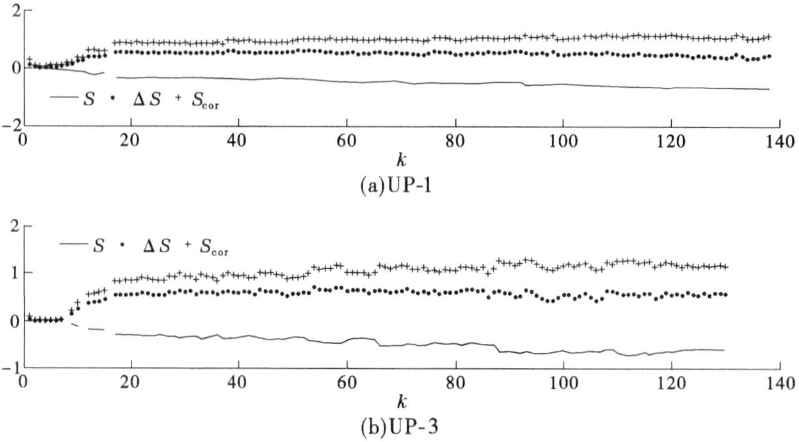

图 3-5　S、ΔS 和 S_{cor} 随时间延迟指数 k 的变化曲线

图 3-6 所示。

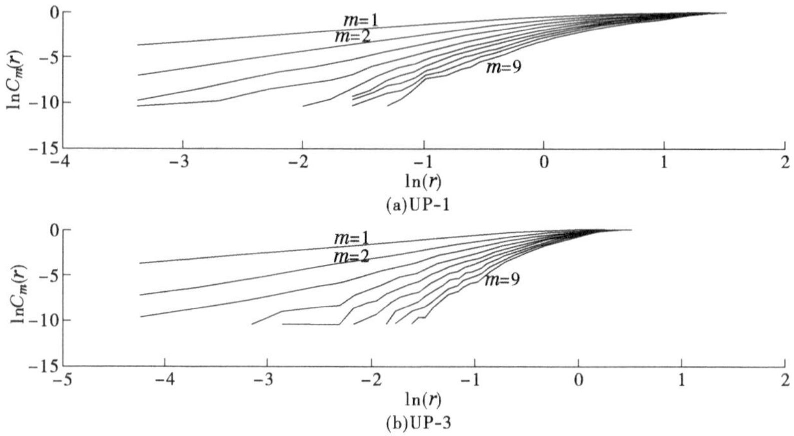

图 3-6　$\ln C_m(r) \sim \ln(r)$ 曲线

从图 3-6 可以看出,曲线 $\ln C_m(r) \sim \ln(r)$ 中存在直线段,当 m 较小时,这些曲线的直线段斜率较小,并且曲线与曲线之间具有较大间

距，随着 m 的增大，直线段的斜率逐渐增大，各曲线之间的间距逐渐减小。当 $m \geqslant 5$ 时，各直线段的斜率变化不大，可以认为此时的斜率代表了各测点渗透压力残差序列的关联维数。经计算得到，UP-1 测点和 UP-3 测点残差序列的关联维数 D_2 分别为 2.98 和 2.54，这和上述确定的最小嵌入维数分别为 2 和 3 基本一致。

从关联维数的数值可以初步判断渗流时间序列中存在奇怪吸引子，含有混沌成分。为了进一步确定渗透压力的混沌特性，采用式(3-45)和式(3-46)计算最大 Lyapunov 指数，UP-1 和 UP-3 测点残差序列的最大 Lyapunov 指数分别为 0.133 3 和 0.027 0，均大于零，这说明渗透压力在演变过程中确实具有混沌特性。

根据上述得到的 2 个测点渗透压力残差序列的延迟时间和嵌入维数，重构相空间，从第一个相点开始，计算其与最邻近相点的距离，对每个相点均进行相应的计算，可以得到邻近点距离序列 d 的演变轨迹，如图 3-7 所示。

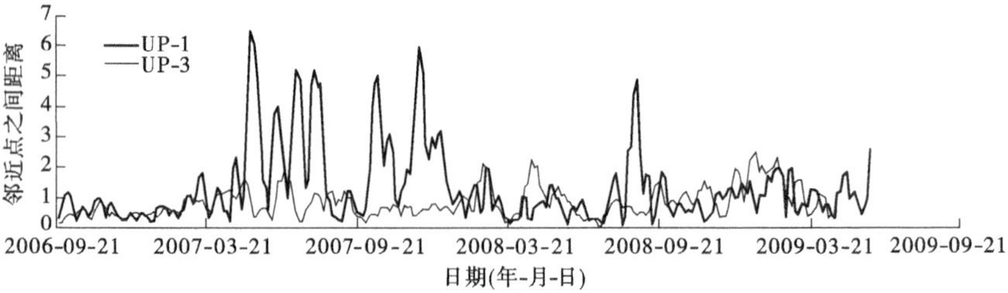

图 3-7 渗透压力残差序列在相空间中最邻近点距离变化曲线

图 3-7 中 UP-1 测点和 UP-3 测点邻近点距离序列 d 在相空间中的演变曲线与图 3-4 中实测数据变化曲线均具有相同趋势，对 UP-1 测点和 UP-3 测点最邻近点距离序列 d 进行傅里叶变换，得到序列 d 的频率功率谱如图 3-8 所示。

根据图 3-8 频率功率谱，计算得到 UP-1 测点和 UP-3 测点渗透压力变化的频率 f 为 3.906×10^{-3}，类周期 T 为 256 d，反映了渗透压力演变的内在规律性，而 UP-1 测点的功率谱变化范围比 UP-3 测点大，说明

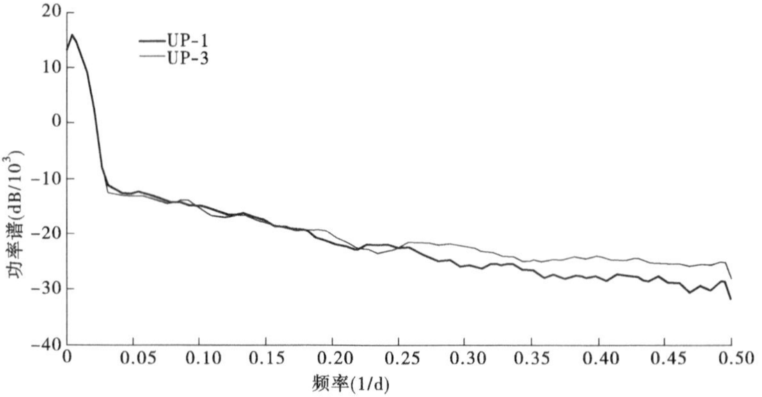

图 3-8　渗透压力在相空间中频率功率谱

UP-1 测点渗透压力变化比 UP-3 测点渗透压力变化剧烈。由此可见，采用相空间中邻近点距离表征渗透压力的演变是可行的。

同时，作为实例，取维数 m 为 4，阈值 r 为 0.2 倍的序列标准差，将 UP-1 测点在 2006 年 9 月 21 日至 2009 年 9 月 28 日的数据分为两段时间序列，分别计算熵值，并计算熵变，得到 UP-1 测点渗透压力熵变为 0.04，同理得到 UP-3 测点的熵变为 0.26，这说明 UP-1 测点和 UP-3 测点的渗透压力变化处于正常状态。

3.5　本章小结

本章在碾压混凝土坝渗流特点及演变过程研究的基础上，重点探讨碾压混凝土坝渗流演变分析和状态判别方法，主要研究内容有：

(1)分析了碾压混凝土坝本体和层面的渗流特点，提出了层面厚度和渗透系数的确定方法，建立了考虑层面影响的碾压混凝土坝渗漏量演变分析混合模型，以及碾压混凝土坝渗透压力演变分析混合模型。

(2)研究了碾压混凝土坝渗流主要影响因素的提取方法，在此基础上，提出了碾压混凝土坝渗流演变分析的最小二乘小波支持向量机模型，探讨了渗流状态的时效分量判别法和最小二乘小波支持向量机分析模型判别法。

(3)研究了碾压混凝土坝渗流的混沌特性,提出了采用相空间中最邻近点之间距离来表征碾压混凝土坝渗流演变的方法,建立了大坝渗流状态的熵变判别方法,并通过工程实例,验证了所提出的碾压混凝土坝渗流演变分析和状态判别方法的有效性。

第 4 章　碾压混凝土坝变形演变分析方法

4.1　引　言

碾压混凝土坝变形性态综合反映了大坝的结构变化状况，是全面了解碾压混凝土坝工作性态变化的重要方面，为此需要研究碾压混凝土坝的变形演变分析方法。在分析碾压混凝土坝变形规律时，需考虑层面的影响，构建符合坝基、坝体本体、坝体层面变形特点的本构模型，并研究相应的计算方法，进而建立碾压混凝土坝变形演变分析模型，据此分析碾压混凝土坝的变形演变规律。

本章通过对碾压混凝土坝变形演变影响因素的分析，研究碾压混凝土坝的变形过程和本构模型构建方法，开发相应的有限元分析程序，建立碾压混凝土坝变形演变分析模型；同时，基于分形理论，表征碾压混凝土坝变形性态的分形特征，由此提出碾压混凝土坝变形演变的分形分析方法。

4.2　碾压混凝土坝变形演变的影响因素

碾压混凝土坝变形主要受水压、温度、自重等荷载因素的影响，同时还与大坝的材料物理力学特性、坝体的结构尺寸、地形地质等因素有关。碾压混凝土坝的变形性态是这些内外因素作用在坝体和坝基上的综合反映；但这些因素不是一成不变的，而是随时间发生变化的，也使得碾压混凝土坝的变形随之发生变化。根据这些因素的作用方式，可以将它们分为三类：结构因素、荷载因素和时效因素。

结构因素是碾压混凝土坝变形演变的内在因素，主要是指碾压混凝土坝自身结构变化,如坝基岩体的基本性质发生变化、碾压混凝土老化等,使得碾压混凝土坝在正常荷载作用下,其变形发生趋势性变化。

荷载因素是影响碾压混凝土坝变形演变的外在因素,主要包括自重、水压力(静水压力和动水压力)、温度荷载变化等,其中水压力和温度荷载是作用在碾压混凝土坝上的主要荷载。在水荷载的作用下,大坝任一点产生的变形由三部分组成:库水压力作用在坝体上产生的内力使坝体变形,在地基面上产生的内力使地基发生变形,以及库水重力作用使地基面转动所引起的变形。对于运行期的碾压混凝土坝,温度荷载对其变形的影响主要表现在坝体混凝土和基岩温度变化引起的变形变化。

时效因素对碾压混凝土坝变形演变的影响,主要来自于:坝体混凝土材料的自生体积变形;材料的流变特性,包括混凝土的徐变特性和基岩的蠕变特性等。混凝土材料的自生体积变形是指混凝土在无外力作用条件下,仅由胶凝材料的水化作用引起的体积变形,材料的流变特性主要体现在混凝土的徐变特性和基岩的蠕变特性上,混凝土的徐变特性是指在荷载的长期作用下,混凝土的变形随时间持续增长,即在应力不变的情况下,混凝土的应变随时间持续增加,它与应力水平、荷载作用时间的长短、施加荷载时混凝土的龄期有关;岩石的蠕变特性是指在应力不变的情况下,总应变随时间延长而增长的现象,试验表明,岩石的蠕变特性与所加应力的大小有密切关系,在低应力时,蠕变逐渐趋于稳定,材料不致破坏,当应力等于或超过某一数值时,将出现加速蠕变阶段并导致材料破坏,并且应力越大蠕变也越大。

4.3 碾压混凝土坝材料本构模型及计算方法

4.2 节对碾压混凝土坝变形演变的影响因素进行了分析,本节将对碾压混凝土坝变形过程进行研究,并探讨坝基和坝体本构模型构建方法,以及相应的计算分析技术。

4.3.1 碾压混凝土坝变形过程

对于碾压混凝土重力坝,随着荷载的增大,碾压混凝土坝体将经历线弹性阶段、屈服变形阶段和失稳破坏阶段。在初始加载阶段,水位较低,整个坝体都处于线弹性范围内,荷载与变形基本上呈线性关系,坝体任一点的应力都没有超过材料的比例极限强度,坝踵区处于受压状态,此为线弹性阶段;在屈服变形阶段,下游区压应力增加,坝趾附近出现压剪屈服、压碎破坏等,坝踵附近出现较大拉应力,坝体结构变形显著增加,荷载与位移呈非线性关系;在失稳破坏阶段,坝体变形急剧增加,大坝出现开裂区,屈服区、压碎区也急剧扩展,发生大变形,大坝失去承载能力。其破坏过程曲线如图 4-1 所示,其中纵坐标 P 表示荷载,横坐标 P_L 表示屈服率(屈服长度与所在面总长度的比值)。

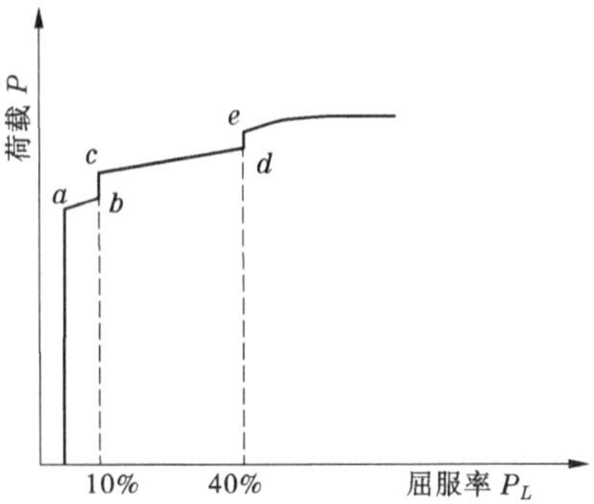

图 4-1　荷载 P 与屈服面屈服率 P_L 关系曲线

在 a 点以前,整个坝体处于线弹性阶段。

从 a 点开始,坝踵附近出现拉应力,坝趾附近的块体和胶结面出现压剪屈服现象,并随着荷载的增加迅速扩展。当荷载到达 b 点后,并在荷载到达 c 点以前,屈服面处于稳定阶段,此阶段为局部屈服阶段。

从 c 点开始,屈服面又突发性地快速扩展。当荷载到达 d 点后,并在荷载到达 e 点以前,同 $b \sim c$ 阶段类似,屈服面处于稳定阶段,但其荷载增量明显小于 $b \sim c$ 阶段的荷载增量,该阶段称为稳定扩展阶段。

在实际情况中，荷载 b 、c 两点不是对所有工程的所有工况都明显存在。在有些情况下，荷载到达 a 点以后，屈服面呈持续扩展趋势，直到荷载到达 d 点，屈服面进入稳定扩展阶段。因此，可以将局部屈服阶段和稳定扩展阶段合称为屈服变形阶段。

荷载增加到 e 点后，碾压混凝土块体和层面屈服区急剧扩展，屈服区很快连通，形成滑移通道，结构完全被破坏，坝体整体发生失稳破坏，大坝丧失继续承载的能力。

碾压混凝土拱坝是由坝体和基岩共同组成的空间超静定结构，其变形演变过程与碾压混凝土重力坝的变形演变过程不同，主要包括四个阶段：弹性工作阶段、准弹性工作阶段、屈服变形阶段和失稳破坏阶段。其中，在弹性工作阶段，坝体中任一点的应力均未超过材料的比例极限强度，荷载与变形基本上呈线性关系，坝体处于弹性工作阶段；在准弹性工作阶段，上游面部分周边开裂或坝踵区开裂，拱端层面开始产生裂缝，应力重新调整，下游区压应力增加，此时大坝基本维持在线弹性工作范围内；在屈服变形阶段，周边开裂范围扩大，层面裂缝由下游向上游、由拱端向拱冠迅速扩展，结构的变形有较大增加，大坝开始呈弹塑性状态；随着屈服区、压毁区急剧扩大，层面在下游面出现大范围拉开甚至贯通，部分层面裂缝上下游基本贯通，大坝丧失承载能力，此阶段为破坏阶段。

4.3.2 材料本构模型

根据实际过程中，大坝和坝基一般处于黏弹性工作状态，下面重点介绍黏弹性工作状态下坝基、坝体的本构模型，以及黏弹性有限元分析方法。

4.3.2.1 坝基黏弹性本构模型

在一定荷载作用下，坝基变形主要包括瞬时弹性变形、衰减蠕变变形和不可逆蠕变变形等，可以采用 Burgers 模型来描述这种受力变形特点。Burgers 模型是由 Kelvin 模型和 Maxwell 模型串联组成的，如图 4-2 所示。

其本构关系可看作由两部分组成：一是球应力的弹性本构，用 Hooke 定律表示；二是偏应力的黏性本构。一般认为，黏性变形只有剪切变形，而无体积变形，将偏应力的本构关系表示为

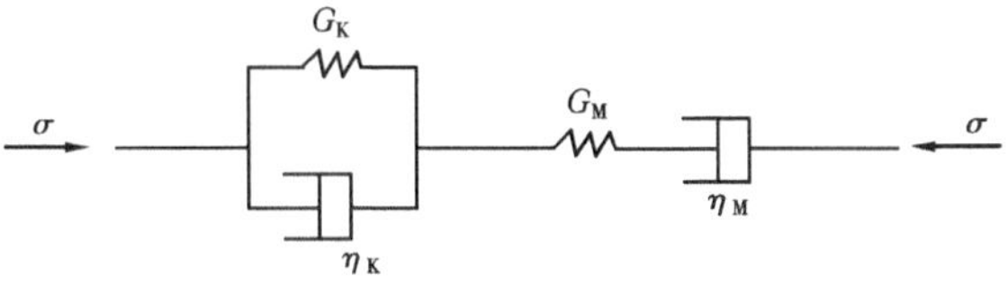

图 4-2 坝基黏弹性本构模型

$$S_{ij} = 2G_K e_{ij,K} + 2\eta_K \mathrm{d}e_{ij,K}/\mathrm{d}t \tag{4-1}$$

式中，G_K 和 η_K 分别为 Kelvin 模型的延迟剪切模量和剪切黏滞系数；S_{ij} 为偏应力张量，$S_{ij} = \sigma_{ij} - \sigma_m\delta_{ij}$，$\sigma_{ij}$ 为应力张量，$\sigma_m = 1/3\sigma_{ij}$，$e_{ij,K}$ 为 Kelvin 模型的偏应力张量，$e_{ij,K} = \varepsilon_{ij,K} - \varepsilon_{mK}\delta_{ij}$；$\varepsilon_{ij,K}$ 为 Kelvin 模型的应变张量，$\varepsilon_{mK} = 1/3\varepsilon_{ij,K}$，$\delta_{ij}$ 为 Kronecker-delta 函数。

求解式(4-1)，可得

$$e_{ij,K} = \{e_{ij,0K} + \frac{1}{2\eta_K}\int_{t_0}^{t} S_{ij}\exp[\frac{G_K}{\eta_K}(t - t_0)]\mathrm{d}t\}\exp[-\frac{G_K}{\eta_K}(t - t_0)] \tag{4-2}$$

式中，$e_{ij,0K}$ 为 t_0 时刻 Kelvin 模型的初始偏应变。

对于 Maxwell 模型，其偏应力本构关系为

$$\frac{1}{2G_M}\frac{\mathrm{d}S_{ij}}{\mathrm{d}t} + \frac{1}{2\eta_M}S_{ij} = \frac{\mathrm{d}e_{ij,M}}{\mathrm{d}t} \tag{4-3}$$

式中，G_M 和 η_M 分别为 Maxwell 模型的弹性剪切模量和剪切黏滞系数；$e_{ij,M}$ 为 Maxwell 模型的偏应力张量，$e_{ij,M} = \varepsilon_{ij,M} - \varepsilon_{mM}\delta_{ij}$，$\varepsilon_{ij,M}$ 为 Maxwell 模型的偏应变张量，$\varepsilon_{mM} = 1/3\varepsilon_{ij,M}$。

求解式(4-3)，可得

$$e_{ij,M} = e_{ij,0M} + \frac{S_{ij}}{2G_M} + \frac{1}{2\eta_M}\int_{t_0}^{t} S_{ij}\mathrm{d}t \tag{4-4}$$

由式(4-2)和式(4-4)可得，Burgers 模型的偏应变为

$$e_{ij,K} = \{e_{ij,0K} + \frac{1}{2\eta_K}\int_{t_0}^{t} S_{ij}\exp[\frac{G_K}{\eta_K}(t - t_0)]\mathrm{d}t\}\exp[-\frac{G_K}{\eta_K}(t - t_0)] + e_{ij,0M} + \frac{S_{ij}}{2G_M} + \frac{1}{2\eta_M}\int_{t_0}^{t} S_{ij}\mathrm{d}t \tag{4-5}$$

当 $S_{ij} = S_{ij0}$ 时(其中 S_{ij0} 是初始偏应力,为常量),其黏性应变为

$$e_{ij} = e_{ij,0\mathrm{K}}\exp\left[-\frac{G_{\mathrm{K}}}{\eta_{\mathrm{K}}}(t-t_0)\right] + \frac{S_{ij0}}{2G_{\mathrm{K}}}\left\{1-\exp\left[-\frac{G_{\mathrm{K}}}{\eta_{\mathrm{K}}}(t-t_0)\right]\right\} + e_{ij,0\mathrm{M}} + \frac{S_{ij0}}{2\eta_{\mathrm{M}}}(t-t_0) \qquad (4\text{-}6)$$

4.3.2.2　碾压混凝土坝体黏弹性本构模型

碾压混凝土坝体在荷载作用下主要产生弹性变形和衰减蠕变变形,其本构关系可以采用广义 Kelvin 模型进行描述,该模型由 Hooke 弹簧和 Kelvin 模型串联组成,如图 4-3 所示。

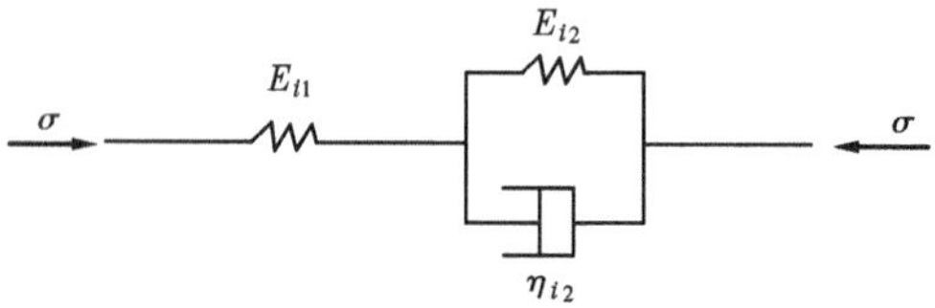

图 4-3　坝体黏弹性本构模型

图 4-3 中,当 $i = v$、h 时,分别表示碾压层垂直于层面和平行于层面方向的广义 Kelvin 模型;当 $i = c$、a 时,分别表示本体和层面的广义 Kelvin 模型,即碾压层、本体和层面等部位的黏性流动特性均采用广义 Kelvin 模型模拟。在分析时,将碾压层看作由本体和层面组成的复合材料,其中,本体和层面均视为横观各向同性体,记碾压层垂直于层面和平行于层面方向的等效瞬时弹性模量分别为 E_{v1} 、E_{h1} ,相应的泊松比分别为 μ_{v1} 、μ_{h1} ,等效延迟弹性模量分别为 E_{v2} 、E_{h2} ,等效黏性系数分别为 η_{v2} 、η_{h2} ;本体垂直于层面和平行于层面方向的等效瞬时弹性模量分别为 E_{cv1} 、E_{ch1} ,相应的泊松比分别为 μ_{cv1} 、μ_{ch1} ,等效延迟弹性模量分别为 E_{cv2} 、E_{ch2} ,等效黏性系数分别为 η_{cv2} 、η_{ch2} ;层面垂直于层面和平行于层面方向的等效瞬时弹性模量分别为 E_{av1} 、E_{ah1} ,相应的泊松比分别为 μ_{av1} 、μ_{ah1} ,等效延迟弹性模量分别为 E_{av2} 、E_{ah2} ,等效黏性系数分别为 η_{av2} 、η_{ah2} ;碾压层厚度为 B ,本体和层面厚度分别为 b_c 和 b_a ,则 $B = b_c + b_a$ 。根据复合材料力学的分析思想,建立垂直于层面方向的串联模型和平行于层面方向的并联模型,以此分析碾压层、本体

和层面参数之间的关系。

设在碾压层垂直于层面方向施加均匀拉伸应力 σ，根据串联模型，本体和层面的伸长量 Δb_c 和 Δb_a 分别为

$$\Delta b_c = \left[\frac{\sigma}{E_{cv1}} + \frac{\sigma}{E_{cv2}}\left(1 - e^{-\frac{\eta_{cv2}}{E_{cv2}}t}\right)\right]b_c \tag{4-7}$$

$$\Delta b_a = \left[\frac{\sigma}{E_{av1}} + \frac{\sigma}{E_{av2}}\left(1 - e^{-\frac{\eta_{av2}}{E_{av2}}t}\right)\right]b_a \tag{4-8}$$

碾压层总伸长量 ΔB 为

$$\Delta B = \Delta b_c + \Delta b_a \tag{4-9}$$

同时，碾压层在垂直于层面方向拉伸应力 σ 作用下，伸长量 ΔB 可表示为

$$\Delta B = \left[\frac{\sigma}{E_{v1}} + \frac{\sigma}{E_{v2}}\left(1 - e^{-\frac{\eta_{v2}}{E_{v2}}t}\right)\right]B \tag{4-10}$$

联立式(4-9)和式(4-10)，可得在垂直于层面方向拉伸应力 σ 作用下，碾压层、本体和层面参数之间的关系为

$$\left[\frac{1}{E_{v1}} + \frac{1}{E_{v2}}\left(1 - e^{-\frac{\eta_{v2}}{E_{v2}}t}\right)\right]B = \left[\frac{1}{E_{cv1}} + \frac{1}{E_{cv2}}\left(1 - e^{-\frac{\eta_{cv2}}{E_{cv2}}t}\right)\right]b_c + \left[\frac{1}{E_{av1}} + \frac{1}{E_{av2}}\left(1 - e^{-\frac{\eta_{av2}}{E_{av2}}t}\right)\right]b_a \tag{4-11}$$

同理，在平行于层面方向应力 σ 作用下，建立并联模型，可得在并联模型情况下，碾压层、本体和层面参数之间的关系为

$$\frac{B}{\frac{1}{E_{h1}} + \frac{1}{E_{h2}}\left(1 - e^{-\frac{\eta_{h2}}{E_{h2}}t}\right)} = \frac{b_c}{\frac{1}{E_{ch1}} + \frac{1}{E_{ch2}}\left(1 - e^{-\frac{\eta_{ch2}}{E_{ch2}}t}\right)} + \frac{b_a}{\frac{1}{E_{ah1}} + \frac{1}{E_{ah2}}\left(1 - e^{-\frac{\eta_{ah2}}{E_{ah2}}t}\right)} \tag{4-12}$$

第 2 章确定了碾压层的等效弹性模量，碾压层的其他参数及本体的等效弹性模量等参数可以通过试验确定，层面参数的确定方法将在下文研究。

4.3.3 计算方法

4.3.3.1 层面计算参数的确定

由前述分析可知，层面对碾压混凝土坝变形尤其是剪切变形有一

定影响,在变形分析计算时需要尽量客观地模拟层面的影响,选取相对准确的参数,包括层面厚度、弹性参数等。

1. 层面厚度

如前所述,碾压层的等效弹性模量可以采用 2.4 节方法确定,碾压层的其他参数和本体的等效弹性模量等参数能够通过试验确定,可以利用碾压层和本体的这些参数分析推导层面厚度。

设单元体容许应力场为

$$\hat{\sigma}_z = \sigma_z, \quad \hat{\sigma}_x = \hat{\sigma}_y = \hat{\tau}_{xy} = \hat{\tau}_{yz} = \hat{\tau}_{zx} = 0 \tag{4-13}$$

式中,$\hat{\sigma}_x$、$\hat{\sigma}_y$、$\hat{\tau}_{xy}$、$\hat{\tau}_{yz}$和$\hat{\tau}_{zx}$为容许应力场,其中 x 轴和 y 轴在与碾压层面平行的面内,z 轴垂直于碾压层面方向。

该容许应力场所对应的应变能,即线弹性假设下的余能 U_σ 为

$$U_\sigma = \frac{1}{2}\sigma_z^2\left(\int_{V_c}\frac{\mathrm{d}V}{E_{cv1}} + \int_{V_a}\frac{\mathrm{d}V}{E_{av1}}\right) = \frac{1}{2}\sigma_z^2\left(\frac{b_c}{BE_{cv1}} + \frac{b_a}{BE_{av1}}\right)V \tag{4-14}$$

真实应力场对应的应变能 U 为

$$U = \frac{1}{2}\frac{\sigma_z{}^2}{E_v}V \tag{4-15}$$

根据最小余能原理

$$U_\sigma \geqslant U \tag{4-16}$$

可得

$$b_a \geqslant \frac{BE_{av1}(E_{cv1} - E_{v1})}{(E_{cv1} - E_{av1})E_{v1}} \tag{4-17}$$

式中,E_{v1} 可以通过 2.4 节方法确定;E_{cv1} 可以通过试验确定;E_{av1} 如式(4-29)所示,它是与 b_a 有关的参数,或者说它可以用 b_a 表示,因此式(4-17)中只有一个未知量 b_a,式(4-17)取等号时,解得 b_a 为层面厚度的极小值。

同理,设单元体内有一个容许应变场

$$\hat{\varepsilon}_z = \varepsilon_z = \varepsilon, \hat{\varepsilon}_x = \varepsilon_y = \nu\varepsilon_z = \nu\varepsilon, \hat{\gamma}_{xy} = \hat{\gamma}_{yz} = \hat{\gamma}_{zx} = 0 \tag{4-18}$$

式中，$\hat{\varepsilon}_z$、$\hat{\varepsilon}_x$、$\hat{\gamma}_{xy}$、$\hat{\gamma}_{yz}$ 和 $\hat{\gamma}_{zx}$ 为容许应变场。

则对本体和层面分别有

$$\varepsilon_{cz} = \lambda_1\varepsilon, \varepsilon_{cx} = \varepsilon_{cy} = \nu\varepsilon; \varepsilon_{az} = \lambda_2\varepsilon, \varepsilon_{ax} = \varepsilon_{ay} = \nu\varepsilon \quad (4\text{-}19)$$

式中，λ_1、λ_2 和 ν 为待定参数。

单元体在容许应变场所对应的应变能 U_ε 为

$$U_\varepsilon = \frac{1}{2}(\sigma_{cx}\varepsilon_{cx} + \sigma_{cy}\varepsilon_{cy} + \sigma_{cz}\varepsilon_{cz})V_c + \frac{1}{2}(\sigma_{ax}\varepsilon_{ax} + \sigma_{ay}\varepsilon_{ay} + \sigma_{az}\varepsilon_{az})V_a \quad (4\text{-}20)$$

其中，本体和层面的应力应变关系为

$$\begin{Bmatrix} \sigma_{ix} \\ \sigma_{iy} \\ \sigma_{iz} \end{Bmatrix} = \begin{bmatrix} C_{i11} & C_{i12} & C_{i13} \\ C_{i12} & C_{i11} & C_{i13} \\ C_{i13} & C_{i13} & C_{i33} \end{bmatrix} \begin{Bmatrix} \varepsilon_{ix} \\ \varepsilon_{iy} \\ \varepsilon_{iz} \end{Bmatrix} \quad (4\text{-}21)$$

式中，下标 i 为 c 或 a，分别表示本体或层面，且有

$$C_{i11} = \frac{1 - \mu_{ivl}\mu_{ihl}}{E_{ix}E_{iz}\Delta_i}, C_{i12} = \frac{\mu_{i12} + \mu_{i13}\mu_{i31}}{E_{ix}E_{iz}\Delta_i}, C_{i13} = \frac{\mu_{i13}(1 + \mu_{i12})}{E_{ix}^2\Delta_i}, C_{i33} = \frac{1 - \mu_{i12}^2}{E_{ix}^2\Delta_i},$$

$$\Delta_i = \frac{1 - \mu_{i12}^2 - 2\mu_{i13}\mu_{i31} - 2\mu_{i12}\mu_{i13}\mu_{i31}}{E_{ix}^2E_{iz}} \quad (4\text{-}22)$$

将式(4-21)和式(4-22)代入式(4-20)，可得

$$U_\varepsilon = \frac{1}{2}\varepsilon^2\frac{b_c}{B}(2C_{c11}\nu^2 + 2C_{c12}\nu^2 + 4C_{c13}\nu\lambda_1 + C_{c33}\lambda_1^2)V_c + \frac{1}{2}\varepsilon^2\frac{b_a}{B}(2C_{a11}\nu^2 + 2C_{a12}\nu^2 + 4C_{a13}\nu\lambda_2 + C_{a33}\lambda_2^2)V_a \quad (4\text{-}23)$$

根据变形等效，可得 λ_1 和 λ_2 之间的关系为

$$b_c\lambda_1\varepsilon + b_a\lambda_2\varepsilon = B\varepsilon \quad (4\text{-}24)$$

由式(4-24)可得 $\lambda_2 = (B\varepsilon - b_c\lambda_1\varepsilon)/b_a\varepsilon$，代入式(4-23)，根据 $\partial U_\varepsilon/\partial\nu = 0$ 和 $\partial U_\varepsilon/\partial\lambda_1 = 0$，求得 ν 和 λ_1，因此式(4-23)中只有 b_a 是未知量。

真实应变状态对应的应变能 U 为

$$U = \frac{1}{2}E_{h1}\varepsilon^2V \quad (4\text{-}25)$$

根据最小势能原理,可得

$$U_{\varepsilon} \geqslant U \tag{4-26}$$

不等式(4-24)中只有 b_a 是未知量,其他参数可以通过试验得到;当式(4-26)取等号时,求解得到的 b_a 便是层面厚度的极大值。

2. 层面等效瞬时弹性模量和泊松比

层面的等效瞬时弹性模量可以利用碾压层和本体参数,根据串、并联模型分析得到,下面研究其确定方法。

在平行于层面方向荷载作用下,建立并联模型,得到平行于层面方向的层面等效瞬时弹性模量 E_{ah1} 、泊松比 μ_{ah1} 分别如下。

平行于层面方向的层面等效瞬时弹性模量

$$E_{ah1} = (E_{h1}B - E_{ch1}b_c)/b_a \tag{4-27}$$

泊松比

$$\mu_{ah1} = (\mu_{h1}B - b_c\mu_{ch1})/b_a \tag{4-28}$$

同理,在垂直于层面方向荷载作用下,建立串联模型,得到垂直于层面方向的层面等效瞬时弹性模量 E_{av1} 、泊松比 μ_{av1} 分别如下。

垂直于层面方向的层面等效瞬时弹性模量

$$E_{av1} = b_aE_{cv1}E_{v1}/(E_{cv1}B - b_cE_{v1}) \tag{4-29}$$

泊松比

$$\mu_{av1} = [\mu_{v1}(b_aE_{cv1} + b_cE_{av1})(b_aE_{av1} + b_cE_{cv1}) - b_c\mu_{cv1}E_{av1}E_{cv1}B]/b_aE_{av1}E_{cv1}B \tag{4-30}$$

式中符号含义同前。

3. 层面等效延迟弹性模量及黏性系数

层面厚度和层面等效瞬时弹性模量等参数确定后,可以根据式(4-11)和式(4-12)确定层面等效延迟弹性模量和黏性系数,然而式(4-11)和式(4-12)中的待定参数有 4 个: E_{av2} 、E_{ah2} 、η_{av2} 和 η_{ah2} ,不便直接求解,可利用优化算法进行确定。该优化问题表示为:利用待确定的参数和本体参数(通过试验得到)计算碾压层等效参数,以碾压层等效参数的计算值和试验值最为接近为目标;同时,根据若干时刻的碾压层等效延迟弹性模量 E_{av2} 、E_{ah2} 和黏性系数 η_{av2} 、η_{ah2} 的试验值,以碾压层等效延迟弹性模量和黏性系数的极值为约束条件。本书采用

2.4 节中自适应人工鱼群优化算法求解 E_{av2} 、E_{ah2} 、η_{av2} 和 η_{ah2} ,将待确定的参数 E_{av2} 、E_{ah2} 、η_{av2} 和 η_{ah2} 用人工鱼个体的状态表示,目标函数用人工鱼当前所在位置的食物浓度表示。先初始化鱼群,即给定待确定参数一个初始值,然后每个人工鱼在其视野内向食物浓度增多、鱼群不太拥挤的方向快速移动来更新自己,以此产生新一代群体,同时进入下一次更新计算。每次更新计算结束需判断其是否满足收敛条件,如果满足收敛条件,则随机计算结束;否则进入下一代群体的更新计算,直至满足收敛条件,得到 E_{av2} 、E_{ah2} 、η_{av2} 和 η_{ah2} 的优化值。

4.3.3.2　层面的模拟

第 2 章为了说明碾压层内参数的渐变特性,在等效分析时采用无厚度单元模拟层面,这与实际有一定的出入,这里为了更好地反映碾压混凝土坝的结构特征,将层面看成有一定厚度的薄层单元,利用薄层单元来模拟碾压混凝土坝层面的特性。

采用薄层单元进行有限元分析时,所用单元共有 3 类:六面体 8 结点单元、五面体 6 结点单元和六面体薄层单元,其中六面体薄层单元的主要特点是能够模拟碾压混凝土层面。由于薄层单元厚度 b_a 远小于单元平面特征尺寸 l (即 $b_a \ll l$),因此在计算时可以忽略部分应变量,即令 $\varepsilon'_x = \varepsilon'_y = \gamma'_{xy} = 0$,并取 $\varepsilon'_x \approx 1/b_a \Delta w'$, $\varepsilon'_y \approx 1/b_a \Delta v'$, $\gamma'_{xy} \approx 1/b_a \Delta u'$,其中 $\Delta u'$ 、$\Delta v'$ 、$\Delta w'$ 为单元上下面上任一点的相对位移。根据虚功原理,可得薄层单元的有限元支配方程为

$$\boldsymbol{K}^e \{\boldsymbol{\delta}\}^e = \{\boldsymbol{R}\}^e + \{\boldsymbol{R}^0\}^e \tag{4-31}$$

式中, $\boldsymbol{K}^e$ 为单元刚度矩阵; $\{\boldsymbol{\delta}\}^e$ 为单元节点位移列阵; $\{\boldsymbol{R}\}^e$ 为单元节点荷载; $\{\boldsymbol{R}^0\}^e$ 为单元初始应力等效节点荷载。

该单元刚度矩阵可以方便地与六面体 8 结点单元刚度矩阵组装到一起。

4.3.3.3　黏弹性有限元计算方法

利用本构模型公式直接求解其数值解较为困难,通常采用有限元方法求解,常用的方法有应变增量法、迭代法和混合法。

1. 应变增量法

设在时间步长 Δt_k 内,黏性应变增量为

$$\{\Delta\varepsilon^{ve}\}_k = \{\dot{\varepsilon}^{ve}\}_{k+a}\Delta t_k \tag{4-32}$$

其中：

$$\{\dot{\varepsilon}^{ve}\}_{k+a} = (1-a)\{\dot{\varepsilon}^{ve}\}_k + a\{\dot{\varepsilon}^{ve}\}_{k+1} \tag{4-33}$$

式中，下标 k 和 $k+1$ 分别表示 t_k 时刻和 t_{k+1} 时刻。

如果在式(4-33)中取 $a=0$，便是欧拉积分，由它所导出的迭代格式是完全显式的；如果取 $a=1$，则是完全隐式的，即应变增量由时间步长末端的应变率确定。

令 $a=0$，则式(4-32)为

$$\{\Delta\varepsilon^{ve}\}_k = \{\dot{\varepsilon}^{ve}\}_k\Delta t_k \tag{4-34}$$

t_{k+1} 时刻的应变可以表示为

$$\{\varepsilon^{ve}\}_{k+1} = \{\varepsilon^{ve}\}_k + \{\dot{\varepsilon}^{ve}\}_k\Delta t_k \tag{4-35}$$

式(4-35)对所有黏弹性模型均适用，然而采用这种方法对碾压混凝土坝进行结构分析时，计算工作量比较大，并且对时间步长的控制以及收敛条件不能很好地保证，实际可操作性不是很强，下面重点研究混合法。

2. 混合法

混合法即增量迭代法，该方法把所加的全部荷载划分为多个荷载增量，并对每一小部分的荷载增量进行迭代计算。混合法在一定程度上包含了增量法和迭代法的优点，并避免了两者的缺点，减少了对每一荷载增量计算收敛的难度，由于计算中进行了迭代，对于计算的收敛就相对比较容易控制，可以有效地避免常规的非线性计算迭代不收敛的现象，并且可以估计计算近似程度。

黏弹性有限元法求解的基本平衡控制方程为

$$[K]\{\delta\} = \{R\} \tag{4-36}$$

式中，$[K]$ 为整体劲度矩阵；$\{\delta\}$ 为节点位移矩阵；$\{R\}$ 为节点荷载矩阵。

在混合法中，一般将总应变增量 $\{\Delta\varepsilon\}$ 看作是由弹性应变增量 $\{\Delta\varepsilon_e\}$ 与初始应变增量 $\{\Delta\varepsilon_0\}$ 两部分组成的，则有

$$\{\Delta\varepsilon\} = \{\Delta\varepsilon_e\} + \{\Delta\varepsilon_0\} \tag{4-37}$$

式中，$\{\Delta\varepsilon\} = [\Delta\varepsilon_x \Delta\varepsilon_y \Delta\varepsilon_z \Delta\gamma_{xy} \Delta\gamma_{yz} \Delta\gamma_{zx}]^{\mathrm{T}}$。

因此,增量形式的黏弹性应力应变关系可表示为

$$\{\Delta\sigma\} = [D](\{\Delta\varepsilon\} - \{\Delta\varepsilon_0\}) \tag{4-38}$$

式中，$\{\Delta\sigma\}$ 为应力增量，$\{\Delta\sigma\} = [\Delta\sigma_x \Delta\sigma_y \Delta\sigma_z \Delta\tau_{xy} \Delta\tau_{yz} \Delta\tau_{zx}]^{\mathrm{T}}$；$[D]$ 为弹性矩阵。

式(4-36)可近似认为是线性,于是增量初应变法的基本平衡方程可写为

$$[K]\{\Delta\delta\} = \{\Delta R\} + \{\Delta R_0\} \tag{4-39}$$

式中，$\{\Delta\delta\}$ 为节点位移增量列阵；$\{\Delta R\}$ 为节点荷载增量列阵；$\{\Delta R_0\}$ 为初应变的等效节点荷载列阵，$\{\Delta R_0\} = \sum_{e}^{N} \int_{\Omega^e} [B]^{\mathrm{T}}[D]\{\Delta\varepsilon_0\}\mathrm{d}\Omega^e$,其中 N 为单元数,$[B]$ 为几何矩阵,Ω^e 为单元区域。

由于 $\{\Delta R_0\}$ 与应力增量 $\{\Delta\sigma\}$ 有关,而 $\{\Delta\sigma\}$ 本身也是未知量,因此需要通过迭代来求解。第 i 级荷载增量的迭代公式为

$$[K]\{\Delta\delta\}_m^n = \{\Delta R\}_m + \{\Delta R_0\}_m^{n-1} \tag{4-40}$$

式中,n 为迭代次数。

对于任意一级荷载增量,其初应变法的迭代过程,可分为以下几个步骤:

(1)令 $n = 1, \{\Delta\varepsilon_0\}_m^0 = 0, \{\Delta R_0\}_m^0 = 0$;

(2)求解位移增量 $\{\Delta\delta\}_m^n$;

(3)由 $\{\Delta\delta\}_m^n$ 计算 $\{\Delta\varepsilon_0\}_m^n$,并计算 $\{\Delta R_0\}_m^n$;

(4)判别所有单元的 $\{\Delta\varepsilon_0\}_m^n$ 是否满足精度要求,若满足要求,则转至步骤(6),否则转至步骤(5);

(5) $n = n + 1$,转至步骤(2);

(6) $\{\delta\}_m = \{\delta\}_{m-1} + \{\Delta\delta\}_m^n, \{\sigma\}_m = \{\sigma\}_{m+1} + \{\Delta\sigma\}_m^n$;

(7)转入下一级荷载的计算。

根据上述分析过程,研制开发了综合考虑碾压混凝土坝施工层面影响的黏弹性有限元分析程序,如图 4-4 所示。

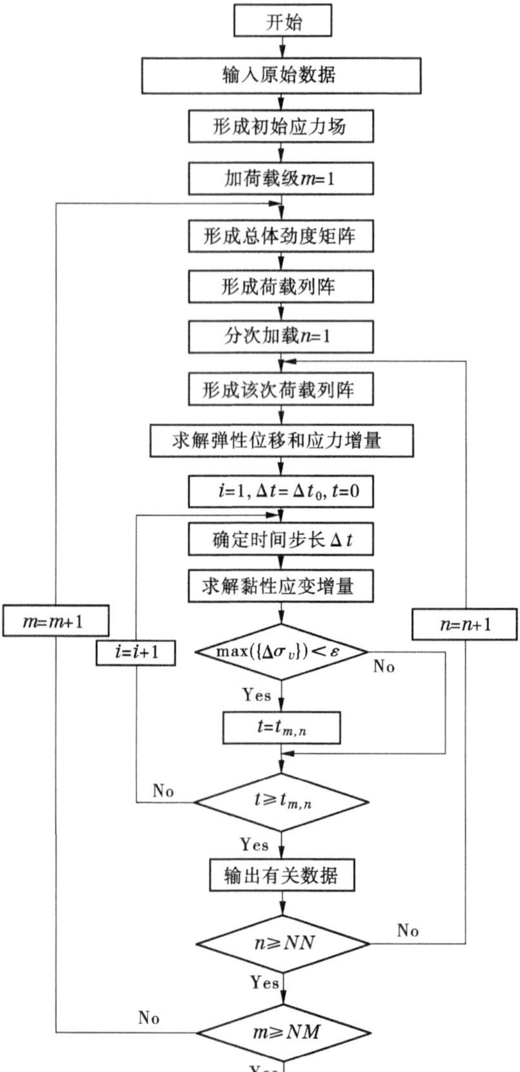

图 4-4　碾压混凝土坝的黏弹性有限元分析步骤

4.4　碾压混凝土坝变形演变分析及状态判别方法

4.4.1　碾压混凝土坝变形演变分析模型

4.3节对碾压混凝土坝坝基和坝体的演变过程及相应的本构模型进行了研究，这为碾压混凝土坝的变形演变分析研究奠定了基础。

碾压混凝土坝在水压和温度等荷载作用下，t 时刻任一点产生变形 $\delta(t)$ ，可以按成因分为三部分：水压分量 δ_H 、温度分量 δ_T 和时效分量 δ_θ ，表示为

$$\delta(t) = \delta_H + \delta_T + \delta_\theta = f(H,T,\theta,t) \tag{4-41}$$

对于碾压混凝土坝而言，层面的存在使得坝体宏观上具有各向异性特征，其变形计算方法不同于常规混凝土坝。下面分别对变形演变分析模型的水压分量 δ_H 、温度分量 δ_T 和时效分量 δ_θ 的计算方法及表达形式进行研究。

4.4.1.1　水压分量

利用基岩、坝体本体等效弹性模量等参数试验值，以及根据本体和碾压层参数确定的层面参数值，采用有限元计算不同水深 $H_i(i = 1, 2,\cdots,n,n$ 为水深组数) 作用下，任一点的变形 $\delta'_{H_i}(i = 1,2,\cdots,n)$ ，然后用多项式拟合，得到 δ'_H 为

$$\delta'_H = \sum_{i=0}^{n_1} a_i H^i \tag{4-42}$$

式中，a_i 为拟合系数；H 为坝前水深；n_1 为最高幂次数，一般重力坝采用三次式($n_1 = 3$)，拱坝和连拱坝采用四次式($n_1 = 4$)。

通常情况下，基岩、坝体本体等效弹性模量等参数的试验值与实际值有差异，根据本体和碾压层参数确定的层面参数值也和实际值不完全一致，因此需对式(4-42)进行调整，将水压分量表示为

$$\delta_H = X\sum_{i=0}^{n_1} a_i H^i \tag{4-43}$$

式中，X 为调整参数。

4.4.1.2 温度分量

温度分量 δ_T 是由坝体混凝土的变温所引起的变形，这部分变形对坝体总变形影响较大。当坝体和边界设置足够数量的温度计，并连续观测温度时，温度计的测值足以描绘坝体温度场。在计算温度分量时，要确定变温场，即观测变形时的瞬时温度场减去初始变形时的初始温度场。当观测变形的某时刻，测得各温度计的测值（即为瞬时温度场），减去初始温度场，即为各温度计的变温值，表示为

$$\Delta T_i(x,y,z)\mid_{t_i-t_0} = T_i(x,y,z,t_i) - T_0(x,y,z,t_0) \tag{4-44}$$

为方便书写，将 $\Delta T_i(x,y,z)\mid_{t_i-t_0}$ 用 T_i 表示。

在求得各温度计的变温值后，通过有限元计算可得大坝任一观测点的变形 δ'_T，然而由于温度计数量较多，采用这种方法的计算工作量较大，可以采用单位温度和载常数方法进行简化计算。

单位温度的处理方法有两种：某一温度计 i 处的温度为 1 ℃或 10 ℃，该温度计的邻近温度为 0 ℃，此时坝体实际变温场用单位温度乘以各温度计的变温值之和，表示为

$$T(x,y,z,t) = \sum_{i=1}^{m_1} T_i(x,y,z,t)U_i(x,y,z) \tag{4-45}$$

式中，$U_i(x,y,z)$ 为第 i 支温度计处的单位温度；$T_i(x,y,z,t)$ 为第 i 支温度计的变温值；m_1 为温度计的支数。

当简化得到单位温度后，可以采用有限元计算单位温度 $U_i(x,y,z)$ 作用下（假定基岩、本体和层面的线膨胀系数为 α）大坝任一点的变形，称为载常数 $b_i(x,y,z)$。在线弹性范围内，根据叠加原理，各变温作用下的温度分量 δ'_T 为

$$\delta'_T = \sum_{i=1}^{m_1} T_i(t)b_i(x,y,z) \tag{4-46}$$

第二种方法是单位等效温度。设断面 i 层布置的温度计位置及测值如图 4-5 所示，在对 OT 轴的面积矩相等的前提下，采用等效温度 $OBC'A'$ 代替实际温度 $OBCA$。

等效温度用平均温度 $\overline{T}_i(t)$ 和温度梯度 $\beta_i(t)$ 表示，其计算公式如下

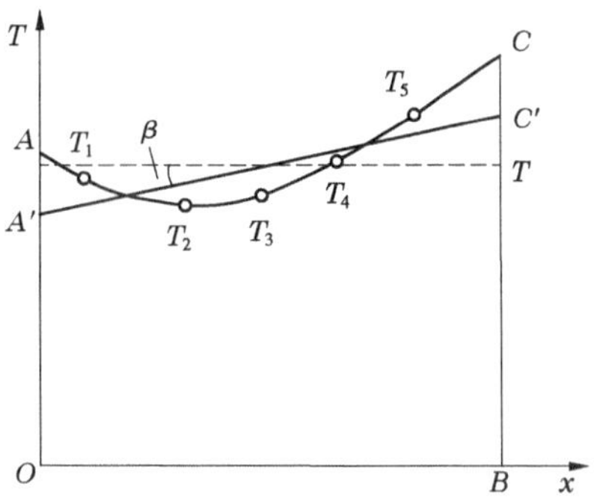

图 4-5　等效温度示意图

$$\overline{T}_i(t) = A_t/B \tag{4-47}$$

$$\beta_i(t) = (12M_t - 6A_tB)/B^3 \tag{4-48}$$

式中，A_t 为实际变温分布的面积；M_t 为 A_t 对 OT 轴的面积矩；B 为断面宽度。

当等效温度的平均温度 $\overline{U}_i$ 为 1 ℃(或 10 ℃)，温度梯度 V_i 为 1 ℃(或 10 ℃)/B(B 为断面宽度)，而相邻层的 $\overline{U}_j$ 、V_j 为 0 时，就构成了单位等效温度。可以采用图 4-6 所示的施加方式，对碾压混凝土坝施加单位等效温度，采用有限元计算某层单位等效温度作用下(假定基岩、本体和层面线膨胀系数为 α)大坝任一点的变形，即载常数 $b_{1i}(x,y,z)$ 和 $b_{2i}(x,y,z)$ 。

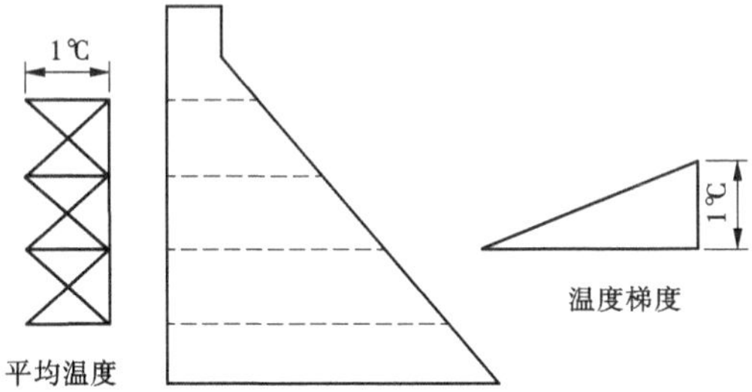

图 4-6　单位等效温度施加方式

根据叠加原理,各变温作用下的温度分量 δ'_T 为

$$\delta'_T = \sum_{i=1}^{m_1} [\bar{T}_i(t) b_{1i}(x,y,z) + \beta_i(t) b_{2i}(x,y,z)] \tag{4-49}$$

由于计算 $b_i(x,y,z)$ 或 $b_{1i}(x,y,z)$ 、$b_{2i}(x,y,z)$ 时,利用的材料热力学参数 α 与真实值之间有差别,采用调整参数 J 对式(4-46)和式(4-49)进行调整,得温度分量 δ_T 为

$$\delta_T = J \sum_{i=1}^{m_1} T_i(t) b_i(x,y,z) \tag{4-50}$$

或

$$\delta_T = J \sum_{i=1}^{m_1} [\bar{T}_i(t) b_{1i}(x,y,z) + \beta_i(t) b_{2i}(x,y,z)] \tag{4-51}$$

4.4.1.3 时效分量

利用基岩、坝体本体流变参数试验值,以及根据本体和碾压层参数确定的层面流变参数值,采用非线性有限元计算不同时刻的时效分量 δ'_θ,然后用多项式和对数函数拟合,得 δ'_θ 为

$$\delta'_\theta = c_1\theta + c_2 \ln\theta \tag{4-52}$$

式中, c_1 、c_2 为拟合系数; $\theta = 0.01t$, t 为监测日到始测日的累计天数。

然而碾压混凝土坝产生时效变形的原因较为复杂,其不仅与混凝土徐变和基岩流变有关,还受基岩地质构造等因素影响,采用非线性有限元计算的时效分量 δ'_θ 可能会与实际有出入,需对式(4-52)进行调整,将时效分量 δ_θ 表示为

$$\delta_\theta = Z_1 c_1 \theta + Z_2 c_2 \ln\theta \tag{4-53}$$

式中, Z_1 、Z_2 为调整参数。

4.4.1.4 变形演变分析模型

根据上述对各因子表达式的分析,可将碾压混凝土坝变形演变分析模型表示为

$$\delta(t) = X \sum_{i=0}^{n_1} a_i H^i + J \sum_{i=1}^{m_1} T_i(t) b_i(x,y,z) + Z_1 c_1 \theta + Z_2 c_2 \ln\theta \tag{4-54}$$

或

$$\delta(t) = X\sum_{i=0}^{n_1} a_i H^i + J\sum_{i=1}^{m_1} [\overline{T}_i(t) b_{1i}(x,y,z) + \beta_i(t) b_{2i}(x,y,z)] + Z_1 c_1 \theta + Z_2 c_2 \ln\theta \tag{4-55}$$

式中符号含义同前。

从求解方法来看,有三类系数:载常数 $b_i(x,y,z)$ 或 $b_{1i}(x,y,z)$ 、$b_{2i}(x,y,z)$;拟合系数 a_i 和 c_1 、c_2 ;回归系数 X 、J 和 Z_1 、Z_2 。

综合上述分析,碾压混凝土坝变形演变分析模型的计算步骤如下:

(1)根据基岩、坝体本体等效弹性模量等参数的试验值,以及根据碾压层和本体参数确定的坝体层面等效弹性模量等参数值,采用有限元计算不同水深 H 作用下的变形 δ'_H ,通过拟合 δ'_H 和 H 的关系得到拟合系数 a_i 。

(2)采用有限元计算单位温度或某层单位等效温度作用下(假定坝基、坝体本体和层面的线膨胀系数为 α)大坝任一点的变形,即得到载常数 $b_i(x,y,z)$ 或 $b_{1i}(x,y,z)$ 、$b_{2i}(x,y,z)$ 。

(3)利用基岩、坝体本体流变参数试验值,以及根据本体和碾压层参数确定的层面流变参数值,采用非线性有限元计算时效分量 δ'_θ ,通过 δ'_θ 和 θ 之间的关系曲线,拟合得到拟合系数 c_1 和 c_2 。

(4)根据变形实测值和上述水压分量、温度分量、时效分量的计算值,对式(4-54)或式(4-55)进行逐步回归计算,得到调整参数 X 、J 和 Z_1 、Z_2 。

(5)根据上述求得的拟合系数 a_i 和 c_1 、c_2,载常数 $b_i(x,y,z)$ 或 $b_{1i}(x,y,z)$ 、$b_{2i}(x,y,z)$,以及调整参数 X 、J 和 Z_1 、Z_2 ,建立碾压混凝土坝变形演变分析模型,据此分析碾压混凝土坝变形随时间的变化。

4.4.2　碾压混凝土坝变形演变分形分析方法

受库水位、温度及时效等诸多因素的影响,碾压混凝土坝的变形是一个复杂的非线性系统。作为非线性科学的前沿理论之一,分形正被用于诸多领域开展应用研究,在大坝的安全监测领域,也有一些学者对分形方法进行了尝试性探索,指出可以利用分形理论来评价大坝的安全性态,但尚需进一步研究。

4.4.2.1 碾压混凝土坝变形性态的分形特征量

分形一般具有精细结构、自相似性、分维数大于拓扑维数等特征，图 4-7 表示了几种典型的分形图形。

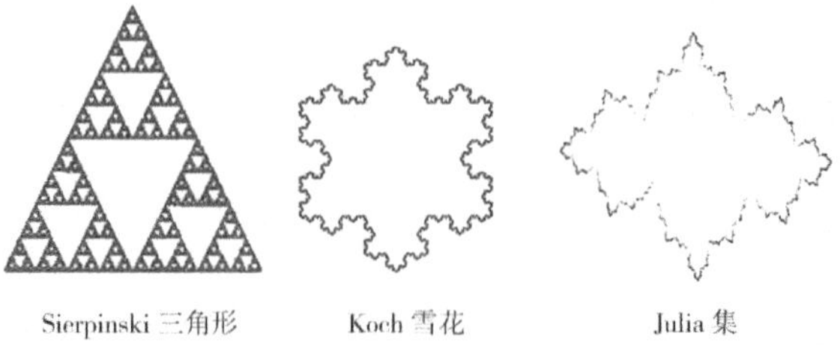

图 4-7 几种典型分形图形

碾压混凝土坝变形在各种因素作用下发生随时间的演变，变形监测效应量序列的变化规律可以直观反映变形的变化规律，图 4-8 为某碾压混凝土坝变形过程线。

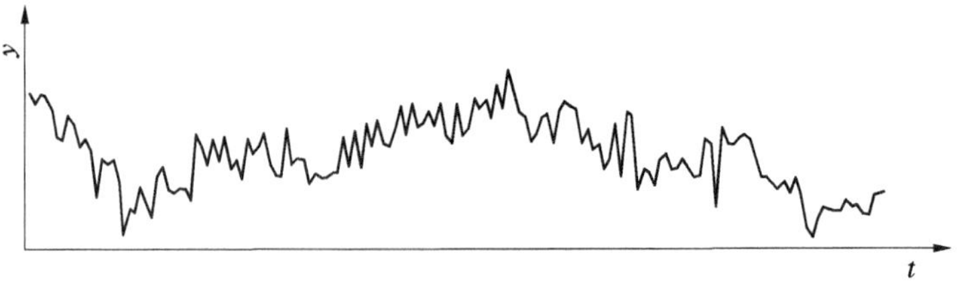

图 4-8 某碾压混凝土坝变形过程线

由图 4-8 可知，某碾压混凝土坝变形过程线具有某种程度的自相似性，然而要定量分析碾压混凝土坝变形过程中的分形特征，需要研究变形性态的分形特征量。分形维数是用来测度碾压混凝土坝变形时间序列参差不齐程度的量，而最具有代表性的分形维是 Hausdorff 维数，其定义为：对于 d 维空间的一个小集合或称为小盒子 E ，用一些直径为 r 的 d 维小球去覆盖它，若完全覆盖所需要的小球数目的最小值为 $N(r)$ ，则该集合的 Hausdorff 维数 D 定义为

$$D = \lim_{r \to 0} \frac{\ln N(r)}{\ln(1/r)} \tag{4-56}$$

对于碾压混凝土坝变形时间序列而言,采用式(4-56)计算其分形维数 D 比较难以实现,可以借助于分形维数 D 和 Hurst 指数 H 之间的关系 $D = 2 - H$ 来实现。先求解碾压混凝土坝变形序列的 Hurst 指数,再在此基础上计算碾压混凝土坝变形序列的分形维数 D 。Hurst 指数是以英国水文学家 H. E. Hurst 命名的参数,被广泛用于分形分析中,并且研究表明 Hurst 指数有三种形式:$0 \leqslant H < 0.5$ 描述时间序列的反持续性;$H = 0.5$ 描述时间序列的随机游走现象;$0.5 < H < 1$ 描述时间序列的长期记忆性。

根据分形维数 D 和 Hurst 指数 H 之间的关系,可以采用分形维数 D 解释碾压混凝土坝变形演变特征:当 $D = 1.5$ 时,碾压混凝土坝变形时间序列为独立同分布的随机序列,属于布朗运动,变量之间是相互独立的,相应的相关系数为零,当前的变形状态不会影响未来的变形状态;当 $1.5 < D \leqslant 2$ 时,碾压混凝土坝变形时间序列表现为一种反持续性,变量之间是负相关的,如果某一时刻,序列向上(下),那么下一时刻,它可能反转向下(上),由于频繁出现逆转,反持续性序列具有比随机序列更加强烈的波动性,它在特定时间内所产生的变化跨度比随机序列小,而且反持续性的强度依赖于 D 和 2 之间的距离,越接近于 2 ,该时间序列就具有比随机序列更强的突变性;当 $1 < D < 1.5$ 时,碾压混凝土坝变形时间序列具有状态持续性,存在长期记忆性的特征(长程相关性),现在的变化将对后续变化产生持续的影响,如果时序过去一个时期表现为上升(下降)趋势,未来一定时期内也将呈现同样趋势,而且 D 越接近于 1 ,该序列的持续性程度就越强。

上述分析表明,碾压混凝土坝变形序列的分形维数 D 可以反映其演变过程中的分形特征,但采用式(4-56)定义的维数计算碾压混凝土坝变形序列的分形维数 D 比较难以实现。本书借助于分形维数 D 和 Hurst 指数 H 之间的关系 $D = 2 - H$ 来实现。先求解碾压混凝土坝变形序列的 Hurst 指数,再在此基础上计算碾压混凝土坝变形序列的分形

维数 D。

Hurst 指数的计算常采用重标极差分析方法，又称为 R/S 分析法。采用该法对碾压混凝土坝变形时间序列进行计算的具体步骤如下：

(1)将碾压混凝土坝变形时间序列 $\{y_t\}$ 进行重组，即将 $\{y_t\}$ 等分为 n 个长度为 d 的子序列，每个子序列分别用 $m = 1,2,3,\cdots,n$ 表示；

(2)分别计算每个子序列的均值和方差，并记为 E_m、S_m；

(3)将各子序列样本数据正态化：$x_{im} = y_{im} - E_{im}(i = 1,2,3,\cdots,n)$；

(4)建立一个累积时间序列：$z_{im} = \sum_{j=1}^{i} x_{j,m}(i = 1,2,3,\cdots,n)$；

(5)计算极差：$R_m = \max(z_{1,m},z_{2,m},\cdots,z_{n,m}) - \min(z_{1,m},z_{2,m},\cdots,z_{n,m})$；

(6)计算重标极差：R_m/S_m；

(7)计算 n 个子序列的重标极差的平均值：$(R/S)_n = \frac{1}{n}\sum_{m=1}^{n}(R_m/S_m)$；

(8)对 $(R/S)_n = Cn^H$ 两边取对数，建立最小二乘回归方程 $\ln(R/S)_n = \ln C + H\ln n$，由回归方程得到 H 值。

通过上述计算步骤，得到 Hurst 指数 H 值后，利用 $D = 2 - H$ 计算碾压混凝土坝变形时间序列的分形维数，以此表征碾压混凝土坝变形演变过程中的分形特征。

4.4.2.2　基于分形理论的碾压混凝土坝变形演变分析方法

4.4.2.1 分析表明碾压混凝土坝变形时间序列具有某种程度的自相似性特征，因此可以根据这种自相似性，采用分形插值函数方法建立变形的分析模型，即根据分形拼贴定理，求取一个与历史记录相近的吸引子的迭代函数系统，从而求取分形插值函数。通过分形插值函数的迭代生成，建立分析模型，根据模型的输出值和实际监测值之间的差异，了解碾压混凝土坝的变形变化趋势。

1. 迭代函数系统和分形拼贴定理

由于分形插值方法是基于迭代函数系理论的，而分形拼贴定理又为迭代函数系统(Iterated Function System，简称 IFS)的吸引子求取提供了方法，因此本节先介绍迭代函数系统和分形拼贴定理，为后续的研究提供基础。

迭代函数系统是描述具有“自相似”结构的较为有效的数学方法。一个迭代函数系统由一个完备的度量空间 (X,d) 和一组有限的压缩映射集 $W_n:X \to Xh$ 及其相应的压缩因子 $s_n(n = 1,2,\cdots,N)$ 所组成。如果设 $\{X;W_n,n = 1,2,\cdots,N\}$ 是拥有压缩因子 s 的迭代函数系统，则可以定义变换 $W:H(X)\to H(X)$ 为

$$W(B) = \bigcup_{n=1}^{N} W_n(B), \forall B \in H(X) \tag{4-57}$$

是完备空间 $[H(X),h(d)]$ 上具有压缩因子 s 的压缩映射，即

$$h[W(A),W(B)] \leqslant sh(A,B), \forall AB \in H(X) \tag{4-58}$$

它的唯一不动点 $P \in H(X)$ 满足 $P = W(P) = \bigcup_{n=1}^{N} W_n(P)$，且 $P = \lim_{n\to\infty} W^n(B), \forall B \in H(X)$，被称作 IFS 的吸引子。设 (X,d) 为完备度量空间，给定 $L \in H(x)$ 和 $\varepsilon > 0$，选定一个 $IFS\{x;W_n,n = 1,2,\cdots,N\}$，其压缩因子为 $0 \leqslant s < 1$，以至于

$$h[L, \bigcup_{n=1}^{N} w_n(L)] \leqslant \varepsilon \tag{4-59}$$

其中 $h(d)$ 是 Hausdorff 度量，则

$$h(L,A) \leqslant \frac{\varepsilon}{1 - s} \tag{4-60}$$

A 是这个 IFS 的吸引子，于是有

$$h(L,A) \leqslant \frac{1}{1 - s}h[L, \bigcup_{n=1}^{N} w_n(L)], \forall L \in H(X) \tag{4-61}$$

式(4-59)~式(4-61)即为分形拼贴定理，它的意义在于提供了一种寻找迭代函数系 IFS，使得其吸引子贴近给定集合的方法。

2. 分形插值

分形插值是根据分形几何的自相似原理和迭代函数系的理论，将

已知数据插值成具有自相似结构的曲面,即构造一个 R^2 平面上的迭代函数系 IFS ,使其吸引子恰为插值于给定数据集 $\{(x_i,y_i):i = 1,2,3,\cdots,N\}$ 的连续函数 $f:[x_0,x_N] \to R$ 的图像,用下式表示变换关系

$$w_i\begin{bmatrix}x\\y\end{bmatrix} = \begin{bmatrix}a_i & b_i\\c_i & d_i\end{bmatrix}\begin{bmatrix}x\\y\end{bmatrix} + \begin{bmatrix}e_i\\f_i\end{bmatrix} \tag{4-62}$$

式中, a_i 、b_i 、c_i 、d_i 、e_i 、f_i 为仿射变换参数。其中, d_i 为仿射变换 ω_i 的垂直比例因子,它把一条平行于 y 轴的线段映射到另一条平行于 y 轴的线段,为了使迭代函数系统收敛,令 $|d_i| < 1$,同时为保证各小区间不交迭,令 $b_i = 0$; 其余参数可以根据迭代原理,解方程组:

$$\begin{cases}a_i = (x_n - x_{n-1})/(x_N - x_0)\\e_i = (x_Nx_{n-1} - x_0x_n)/(x_N - x_0)\\c_i = [y_n - y_{n-1} - d_i(y_N - y_0)]/(x_N - x_0)\\f_i = [x_Ny_{n-1} - x_0y_n - d_i(x_Ny_0 - x_0y_N)]/(x_N - x_0)\end{cases} \tag{4-63}$$

在求得 IFS 参数后,便可以根据迭代算法得到 IFS 的吸引子,随着迭代次数的增加,分形插值算法得到的曲线与原插值点曲线的贴近程度不断提高。由仿射变换过程可见,分形插值不同于传统的插值方法,如线性插值、距离平方反比方法、Lagrange 插值、样条函数等。传统的插值方法,将相邻插值点用直线或光滑曲线连接,掩盖了相邻两插值点之间的局部变化特征,具有一定程度的光滑作用;而分形插值方法将插值数据点的变化特征映射到相邻点之间的局部区域内,可以获取相邻两个信息点之间的局部波状起伏特征。

3. 碾压混凝土坝变形趋势分析

基于上述研究,采用分形插值方法对碾压混凝土坝变形趋势进行分析,主要步骤为:

(1)选取碾压混凝土坝变形时间序列,对其自相似性进行分析,根据 $\ln(R/S)_n \sim \ln n$ 曲线求出序列的持续性长度。

(2)在持续性长度内选取预分析时间段的基准时间段和相似时间段,求出各段的仿射变换参数,即构造各段 IFS。

(3)对基准时间段和相似时间段的参数求均值或者采用权重方法,求出整体 *IFS* ,从而求出分形插值函数。

(4)根据求出的分形插值函数计算预分析时间段的变形输出值。

(5)通过上述求解过程分析碾压混凝土坝变形演变规律,并根据输出值和实测值之间的关系对变形状态进行判别。

4.4.3　碾压混凝土坝变形状态判别方法

碾压混凝土坝变形在变化过程中可能因遭遇特殊荷载,如特大洪水等,或因混凝土老化,而发生突变或趋势性变化。本节在上述碾压混凝土坝变形过程及变形演变分析模型研究的基础上,对变形状态的判别方法进行研究。

4.4.3.1　变形演变分析模型判别法

通过碾压混凝土坝变形演变分析模型的求解,可以得到 t 时刻的时效分量 δ_θ ,因为时效分量反映了大坝变形的趋势性,是评判大坝安全的一个重要指标,因此可以采用变形演变分析模型的时效分量对变形状态进行判别。利用时效分量对碾压混凝土坝变形状态进行判别时,主要有以下几种情况。

(1)变形正常。

$$\frac{\mathrm{d}\delta_\theta}{\mathrm{d}t} = 0 \text{ 或} \frac{\mathrm{d}\delta_\theta}{\mathrm{d}t} \neq 0, \frac{\mathrm{d}^2\delta_\theta}{\mathrm{d}t^2} < 0 \tag{4-64}$$

(2)变形基本正常。

$$\frac{\mathrm{d}^2\delta_\theta}{\mathrm{d}t^2} \neq 0, \delta < \delta_{1m} \tag{4-65}$$

式中, δ_{1m} 为变形一级监控指标,它是坝体处于黏弹性或准黏弹性工作阶段的监控指标,表示为 $\delta_{1m} = F(\sigma \leqslant [\sigma], K \geqslant [K])$,其中 σ 和 $[\sigma]$ 分别为实际的压(拉)应力和允许的压(拉)应力, K 和 $[K]$ 分别为实际的稳定安全系数和允许的稳定安全系数。

(3)变形异常,需进行成因分析。

$$\frac{d^2\delta_\theta}{dt^2} \neq 0, \delta_{1m} < \delta < \delta_{2m} \tag{4-66}$$

式中，δ_{2m} 为变形二级监控指标，它是坝体处于黏弹塑性工作阶段的监控指标，表示为 $\delta_{2m} = F([\sigma] < \sigma \leqslant \sigma_s, G \geqslant Q, K_c \leqslant [K_c])$，其中 σ 和 σ_s 分别为实际压（拉）应力和屈服压（拉）应力，G 和 Q 分别为下滑力和抗滑力，K_c 和 $[K_c]$ 分别为实测应力强度因子和断裂韧度。

（4）变形出现险情。

$$\frac{d^2\delta_\theta}{dt^2} \neq 0, \delta > \delta_{2m} \tag{4-67}$$

变形超过二级监控指标，且出现趋势性变化，表明碾压混凝土坝变形性态已发生恶化，出现险情状态。

另外，由碾压混凝土坝变形演变分析模型的建立过程可知，碾压混凝土坝 t 时刻任一点的变形 δ 表示为

$$\delta = \delta_H + \delta_T + \delta_\theta = \left(1 + \frac{\delta_T}{\delta_H} + \frac{\delta_\theta}{\delta_H}\right)\delta_H = F(H, T, \theta, t)\sum_{i=0}^{n_1} a_i H^i \tag{4-68}$$

若令 $H = X - L$，其中 $L = a_3/4a_4$，则式(4-68)变为

$$\delta = a'_4 X^4 + a'_2 X^2 + a'_1 X + a'_0 \tag{4-69}$$

其中

$$\begin{Bmatrix} a'_4 \\ a'_2 \\ a'_1 \\ a'_0 \end{Bmatrix} = F(H, T, \theta, t)\begin{bmatrix} L^4 & -L^3 & L^2 & -L & 1 \\ -4L^3 & 3L^2 & -2L & 1 & 0 \\ 6L^2 & -3L & 1 & 0 & 0 \\ 1 & 0 & 0 & 0 & 0 \end{bmatrix}\begin{bmatrix} a_4 \\ a_3 \\ a_2 \\ a_1 \\ a_0 \end{bmatrix} \tag{4-70}$$

令 $\delta = a_4 Y$，$P = a_2/a_4$，$Q = a_1/a_4$，$E = a_0/a_4$，则尖点突变模型的标准形式为

$$Y = X^4 + PX^2 + QX + E \tag{4-71}$$

其判别式为

$$\Delta = 4P^3 + 13.5Q^2 \tag{4-72}$$

若 $\Delta > 0$,则大坝变形处于正常状态;若 $\Delta = 0$,则大坝变形处于正常和非正常的临界状态;若 $\Delta < 0$,则大坝变形处于非正常状态。

4.4.3.2 基于分形理论的变形状态判别法

上文研究了碾压混凝土坝变形性态的分形特征,提出了采用分形维数表示这种特征的方法。由于分形维数可以反映碾压混凝土坝变形变化特征,并能刻画碾压混凝土坝变形性态的复杂程度,如果能得到碾压混凝土坝变形序列在不同时段内的分形维数,则可以用其描述碾压混凝土坝的变形变化过程,并根据分形维数的变化规律对变形过程进行判别。

将碾压混凝土坝变形效应量时间序列 $y(t) = y_1, y_2, \cdots, y_n$ 按时间跨度分为 m 个子序列,分别计算每个子序列的分形维数 $D_1, D_2, \cdots, D_m$,根据分形维数序列 $D_1, D_2, \cdots, D_m$ 对碾压混凝土坝的变形状态进行判别。当分形维数序列 $D_1, D_2, \cdots, D_m$ 在 1 附近小范围内平稳变化时,说明碾压混凝土坝变形主要处于线弹性状态;当分形维数序列 $D_1, D_2, \cdots, D_m$ 逐渐增大,且大于 1 时,说明碾压混凝土坝变形性态的非线性程度较大,应对其进行成因分析,查明是否存在某些危及安全的隐患。

此外,还可以采用分形插值函数理论对变形状态进行判别。记 t 时刻的变形输出值为 $y'(t)$,它与 t 时刻的变形实测值 $y(t)$ 之间的差为 $|y'(t) - y(t)|$ 。一般地, $|y'(t) - y(t)|$ 落入 $[0,2S]$ 中的概率为 95.5% , $|y'(t) - y(t)|$ 落入 $[0,3S]$ 中的概率为 99.7% 。因此,可以根据这个理论来判别变形演变过程:当 $|y'(t) - y(t)| \leqslant 2S$ 时,变形正常;当 $2S \leqslant |y'(t) - y(t)| \leqslant 3S$ 时,跟踪监测 2 ~3 次,若测值无趋势性变化,则变形为正常,若测值存在趋势性变化,则为异常,应分析成因;当 $|y'(t) - y(t)| \geqslant 3S$,变形异常,应分析成因。

4.5　工程实例

以某碾压混凝土坝为例,选择 11#典型坝段的变形进行研究。该坝段埋设了倒垂线 IP-11,正垂线 PL11-3、PL11-2-2、PL11-2-1 和 PL11-1,共 5 个测点,用来观测 222.75 m、270 m、342 m 和 379.2 m 高程相对于 151.5m 高程的变形。在 2006 年 10 月 10 日至 2009 年 8 月 28 日监测时段内,IP-11、PL11-3 和 PL11-2-2 有测值,以 PL11-3 代表的 270 m 高程的水平位移为研究对象。沿坝基上下游方向和坝基深度方向分别取 1.5 倍左右的坝高,剖分有限元网格,层面采用薄层单元,层面厚度利用本章 4.3.3.2 方法确定,结点位置尽量考虑测点的布置情况,力求有限元网格符合实际情况,网格采用六面体 8 结点等参单元、五面体 6 结点单元和六面体薄层单元,共划分了 3 298 个单元,5 463 个结点。11#坝段有限元网格图见图 4-9。

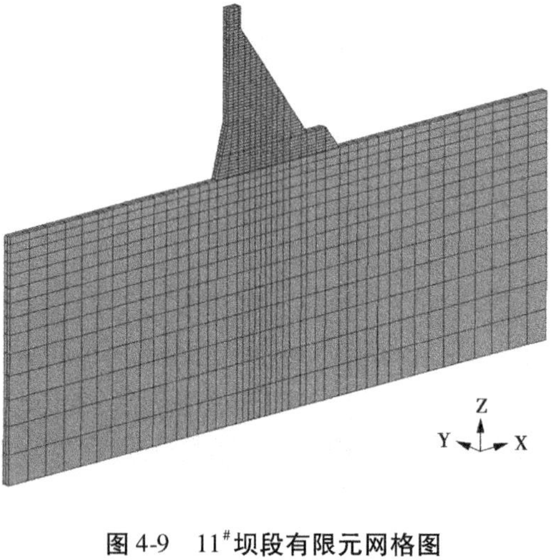

图 4-9　11#坝段有限元网格图

根据 2.4 节方法确定了碾压层的等效弹性模量 E_{h1} 和 E_{v1} ,碾压层的其他参数及坝基和坝体本体等部位材料力学参数采用试验值,如表 4-1所示(表中 c 、f 、μ 、α 分别表示材料的凝聚力、摩擦系数、泊松比、线膨胀系数，其余参数含义同本书 4.3 节）。

表 4-1　材料力学参数

坝基	G_M (GPa)	η_M ($\times 10^7$ GPa·s)	G_K (GPa)	η_K ($\times 10^7$ GPa·s)	c	f	μ	α ($\times 10^{-6}$/℃)
	25	2.29	83.64	1.7	0.9	0.87	0.2	7
本体	垂直于层面	E_{cv1} (GPa)	E_{cv2} (GPa)	η_{cv2} ($\times 10^7$ GPa·s)	c	f	μ	α ($\times 10^{-6}$/℃)
		23.88	79.58	1.5	1.08	1.19	0.167	7
	平行于层面	E_{ch1} (GPa)	E_{ch2} (GPa)	η_{ch2} ($\times 10^7$ GPa·s)	c	f	μ	α ($\times 10^{-6}$/℃)
		26.97	75.8	1.65	1.1	1.2	0.167	7
碾压层	垂直于层面	E_{v1} (GPa)	E_{v2} (GPa)	η_{v2} ($\times 10^7$ GPa·s)	c	f	μ	α ($\times 10^{-6}$/℃)
		23.86	72.6	1.3	1.07	1.18	0.167	7
	平行于层面	E_{h1} (GPa)	E_{h2} (GPa)	η_{h2} ($\times 10^7$ GPa·s)	c	f	μ	α ($\times 10^{-6}$/℃)
		26.85	78.95	1.43	0.98	1.12	0.167	7

利用本体和碾压层参数，根据 4.3 节层面参数的确定方法，得到层面参数值，见表 4-2。

表 4-2　层面参数值

层面参数	垂直于层面	E_{av1} (GPa)	E_{av2} (GPa)	η_{av2} ($\times 10^7$ GPa·s)	c	f	μ	α ($\times 10^{-6}$/℃)
		21.2	65.4	1	1.05	1.16	0.2	7
	平行于层面	E_{ah1} (GPa)	E_{ah2} (GPa)	η_{ah2} ($\times 10^7$ GPa·s)	c	f	μ	α ($\times 10^{-6}$/℃)
		9.86	26.3	1.08	0.95	0.97	0.2	7

4.5.1 碾压混凝土坝变形演变分析

4.5.1.1 水压分量

选取一组特征水位，其对应水深分别为 13.5 m、23.5 m、…、133.5 m，采用图 4-9 所示的有限元网格模型，计算对应水深作用下的坝体位移，得到位移与水深的变化关系如图 4-10 所示，利用式(4-42)对其进行拟合，拟合结果为

$$\delta'_H = -7.39 \times 10^{-4}H + 1.18 \times 10^{-4}H^2 + 2.66 \times 10^{-6}H^3 \quad (4\text{-}73)$$

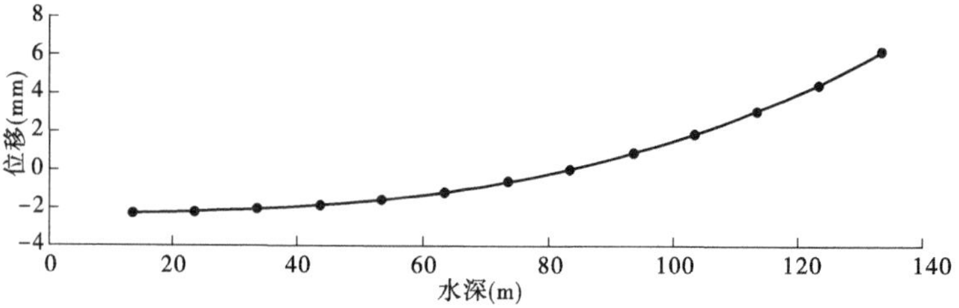

图 4-10 位移与水深关系曲线

4.5.1.2 温度分量

该坝段共在 11 个断面布置了 63 支温度计，测点编号分别为 $T_{216.5\text{-}1}$、$T_{216.5\text{-}2}$、…、$T_{345\text{-}63}$，统一记为 $T_{h\text{-}i}$，h 表示温度计所在高程，i 为温度计编号。根据单位等效温度原理，计算平均温度 $\overline{T}_i(t)$ 和温度梯度 $\beta_i(t)$，并采用有限元计算单位等效温度作用下 PL11-3 水平位移载常数，见表 4-3。

表 4-3 单位等效温度作用下有限元计算载常数

温载	$T_{216.5}$	T_{218}	T_{230}	T_{242}	T_{255}	T_{270}	T_{283}	T_{295}	T_{305}	T_{315}	T_{345}
载常数 b_1 ($\times 10^{-2}$ mm)	2.68	2.63	1.04	−2.89	−5.63	−1.41	−1.37	−1.33	−0.44	0.45	0.11
温载	$\beta_{216.5}$	β_{218}	β_{230}	β_{242}	β_{255}	β_{270}	β_{283}	β_{295}	β_{305}	β_{315}	β_{345}
载常数 b_2 ($\times 10^{-2}$ mm)	−3.67	−4.75	−5.88	−4.97	−6.48	−5.98	−6.41	−5.1	−4.83	−2.68	−1.44

因此,温度分量 δ'_T 表示为

$$\delta'_T = \sum_{i=1}^{11} [\overline{T}_i(t) b_{1i}(x,y,z) + \beta_i(t) b_{2i}(x,y,z)] \tag{4-74}$$

各载常数见表 4-3。

4.5.1.3　时效分量

采用非线性有限元计算时效分量 δ'_θ,得到其随 θ 的变化过程线,如图 4-11 所示。

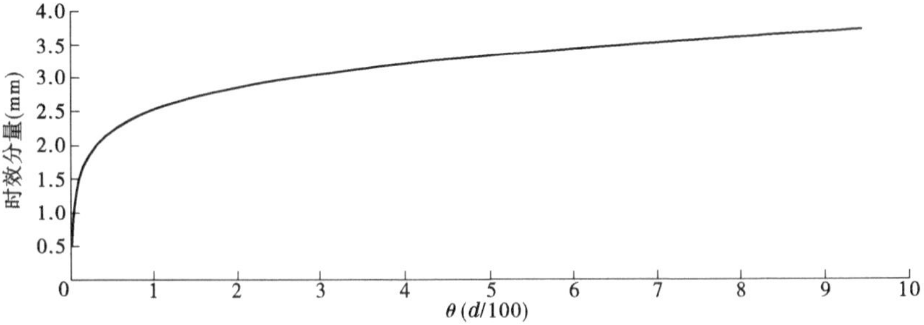

图 4-11　δ_θ' 与 θ 之间关系曲线

根据 δ'_θ 与 θ 之间关系,计算二者之间的拟合方程式为

$$\delta'_\theta = 0.33\theta + 0.27\ln\theta \tag{4-75}$$

4.5.1.4　变形演变状态判别

根据上述水压分量、温度分量和时效分量的计算结果,可知PL11-3 水平位移演变分析模型的表达式为

$$\begin{aligned}\delta(t) = {} & X(-7.39 \times 10^{-4}H + 1.18 \times 10^{-4}H^2 + 2.66 \times 10^{-6}H^3) + \\ & J\sum_{i=1}^{11} [\overline{T}_i(t) b_{1i}(x,y,z) + \beta_i(t) b_{2i}(x,y,z)] + \\ & 0.33Z_1\theta + 0.27Z_2\ln\theta\end{aligned} \tag{4-76}$$

利用 PL11-3 水平位移实测值对其进行回归分析,求得调整系数 X 、J 和 Z_1 、Z_2 分别为 0.97、1.08 和 0.92、1.05,由此可见,各分量的调整系数接近于 1,说明有限元计算结果与实际情况较为接近。

同时可得,调整后的时效分量为

$$\delta_\theta = 0.3\theta + 0.28\ln\theta \tag{4-77}$$

由式(4-77)可得, $d\delta_\theta/dt > 0$, $d^2\delta_\theta/dt^2 < 0$,即 PL11-3 水平位移时效分量逐渐增大,但增长的速率不断减小,并逐渐趋于稳定,说明 PL11-3 水平位移变化处于正常状态。

4.5.2 碾压混凝土坝变形演变分形分析

4.5.2.1 变形序列的分形特征量

利用 PL11-3 在 2006 年 10 月 10 日至 2009 年 8 月 28 日监测时段内的测值序列,根据 *R/S* 分析法原理,编写 Matlab 程序,计算 Hurst 指数 H ,并利用分形维数 D 和 H 之间的关系,得到

$$H = 0.797, D = 2 - H = 1.203 \tag{4-78}$$

由此可见,该碾压混凝土坝 PL11-3 变形监测序列具有分形特征,且 $D = 1.203$ 说明现在的变化将对后续变化产生影响,并且未来时期内将呈现和过去时期内同样的变化趋势。

4.5.2.2 基于分形插值函数的变形分析

PL11-3 变形每周监测 1 次,即每月监测 4 次。对该时间序列进行自相似性分析,得出 PL11-3 变形序列的持续性长度为 3 个月。选取 2008 年 4 月的变形为预分析对象,2008 年 3 月为基准月,2008 年 1 月和 2 月为相似月。由于每月监测 4 次,将插值点的时间坐标(x 轴)分别定义为 1、2、3、4,采用式(4-63)计算基准月的仿射变换参数,如表 4-4所示。由于 d_i 值的选取会影响分析效果,实例中经试算 $d_i = 0.95$ 时效果较好。

表 4-4 基准月的仿射变换参数

系数	a	e	c	f
ω_1	0.333 3	0.666 6	-0.079 7	-0.024 8
ω_2	0.333 3	1.666 7	0.470 3	-0.794 8
ω_3	0.333 3	2.666 7	-0.403	1.508 5

采用同样的方法,求出相似月的仿射变换参数,对三个月的参数求均值,得到统计意义上的*IFS*,选取第一个点为初始点,进行迭代,得到2008年4月的输出值。同时本书采用常规的统计模型方法对测点PL11-3的变形趋势进行分析,得到2008年4月统计模型计算值,如表4-5所示。

表4-5　2008年4月的变形输出值　(单位:mm)

序号	实测值	分形输出值	统计模型计算值
1	-1.82	-1.67	-1.41
2	-0.73	-0.83	-0.70
3	-1.14	-1.29	-0.96
4	-0.79	-0.80	-0.68

由表4-5可见,采用分形插值函数方法得到的PL11-3测点水平位移在2008年4月的输出值和实测值较为接近,同时根据表4-5计算得到分形插值方法和统计模型的剩余标准差分别为0.16 mm和0.23 mm,由此可见,采用分形插值函数方法的精度较高。根据得到的输出值,计算输出值和实测值之差$|y'(t)-y(t)|$均在$[0,2S]$内,说明PL11-3测点水平位移变化正常。

4.6　本章小结

本章在对碾压混凝土坝变形演变影响因素及变形过程分析的基础上,研究了碾压混凝土坝变形演变的分析方法,主要研究内容如下。

(1)分析了碾压混凝土坝变形演变的影响因素,并在此基础上研究了碾压混凝土坝变形过程,探讨了坝基和坝体的本构模型、层面参数的确定方法,开发了相应的有限元计算分析程序,由此建立了碾压混凝土坝变形演变分析模型;同时,研究了变形状态时效分量判别法和尖点突变判别方法。

(2)运用分形理论,表征了大坝变形过程中的分形特征,提出了利用分形维数对变形状态判别的方法;基于分形插值函数,建立了分析碾压混凝土坝变形变化趋势的方法,并通过工程实例验证了提出的变形性态变化分析方法的可行性和有效性。

第5章 碾压混凝土坝工作状态变化区间分析方法

5.1 引 言

碾压混凝土坝在服役过程中,其工作性态逐渐发生变化。本书第2章研究了碾压混凝土坝主要物理力学参数的渐变规律和等效分析方法,第3章和第4章分别对渗流性态和变形性态的演变分析方法进行了研究。上述研究为本章开展碾压混凝土坝工作状态变化研究奠定了基础。众所周知,影响碾压混凝土坝工作状态变化的因素很多,有的是确定性的,也有的是不确定性的。不确定性信息的研究方法,主要有随机模型、模糊模型和区间分析模型,随机模型和模糊模型在大坝安全监控方面应用相对较多,而区间分析方法应用较少。在对碾压混凝土坝工作状态变化分析时,由于分析指标和指标权重的不确定性等原因,采用区间形式的数据表示分析指标和指标权重,较为符合碾压混凝土坝工作状态变化分析的实际情况。同时,碾压混凝土坝工作状态的变化也具有不确定性,包括正常、基本正常、轻度异常、异常和险情,这些状态也不是"点"的概念,而是一个范围,采用区间方式表示分析结果,更容易被接受。因此,本章研究并提出一种基于区间数理论的碾压混凝土坝工作状态变化分析方法,构建碾压混凝土坝工作状态分析的区间数指标,研究区间数权重的确定方法,建立区间分析模型,据此分析碾压混凝土坝的工作状态变化规律,为大坝安全评估提供新的分析手段。

5.2　碾压混凝土坝工作状态变化分析的区间数指标

碾压混凝土坝工作状态的影响因素众多,有定性因素也有定量因素,有主要性因素也有次要性因素,同时涉及不同层次,因此在构建分析指标体系时,不仅要结合定性因素与定量因素,还要选取主次分明且相对独立的指标,同时确定合理的层次结构,进而构建科学实用的分析指标体系。另外,碾压混凝土坝由于层面的存在,使得其工作性态不同于普通混凝土坝,层面的存在对大坝材料强度、整体与局部的稳定及层间渗流具有重要影响,对碾压混凝土坝的工作状态变化进行分析时还必须要考虑层面的影响。本节在综合考虑这些因素的基础上,构建碾压混凝土坝工作状态变化分析的指标体系,并研究分析指标的区间数表示形式及区间数指标的无量纲化方法。

5.2.1　碾压混凝土坝工作状态变化分析的指标体系

5.2.1.1　指标体系构建原则

构建碾压混凝土坝工作状态变化分析的指标体系,应遵循以下原则。

1. 科学性和可操作性相结合

构建分析指标时一般采用现有原位监测资料及室内同配比试验数据,然而由于分析指标存在模糊性和不确定性,尚存在一些认识和理解上的偏差,因此分析指标应具有一定的物理意义,物理概念清晰,力求指标体系构建的科学性;同时分析指标还要能反映出碾压混凝土坝实际工作状态,且度量手段和方法要具有一定的先进性、实用性与可操作性。

2. 主次分明且相对独立的原则

碾压混凝土坝工作状态变化分析指标涉及面广、层次多,在分析指标的选取过程中,应尽可能地提取能相对全面地代表碾压混凝土坝实际工作状况的重要特征及其影响因素的指标。由于分析指标的多样性和模糊性,易导致分析指标体系中存在潜在重复影响因素。因此,为了客观合理地计算整个分析体系中的指标,需要遴选那些主要的、相对独立且代表性强的指标，同时保证该指标对整个分析系统的关键性和重要性。

3. 层次结构合理的原则

碾压混凝土坝工作状态变化分析是一个较为复杂的系统问题，难以采用某一系列分析指标直接求解，而是一个涉及多级层状结构体系的综合分析问题。因此，应将其分解为多个层次来考虑，从局部到整体、由表及里，逐步而深入地对碾压混凝土坝工作状态变化进行综合分析，据此形成一个多层次递阶分析体系。

4. 定性与定量相结合

在碾压混凝土坝工作状态变化分析时，指标体系中既有定量指标也有定性指标，对定性指标往往依靠专家经验进行主观判断，难以将其量化求解，但它又是综合分析指标体系中不可缺少的重要指标项目。为了对碾压混凝土坝工作状态变化进行科学合理地分析和评判，应将定性指标和定量指标有机结合、统筹兼顾。

5. 动态性与静态性相结合

碾压混凝土坝工作状态是一个动态变化系统，因此需要对系统的动态变化过程进行监测评判，积累时间序列信息，并根据监测信息分析对碾压混凝土坝工作性态变化趋势进行分析评判，这要求指标体系构建时应充分考虑动态与静态相结合的原则。

5.2.1.2　指标体系构建方法

在对碾压混凝土坝工作状态变化进行分析时，需要对影响碾压混凝土坝运行的因素进行挖掘，拟订影响碾压混凝土坝工作状态的指标，一般有以下几个步骤。

1. 层次分析

先对碾压混凝土坝工作状态的内含或外延做出科学合理的解释，划分层次结构，通常分成两个或三个层次，明确总目标和子目标，再对各层次指标进行初选，初步建立分析指标框架，通常用树状结构表示这种层次关系，如图 5-1 所示。

2. 初选状态指标

对能够描述该层次状态的所有指标尽可能全面地一一列出，其目

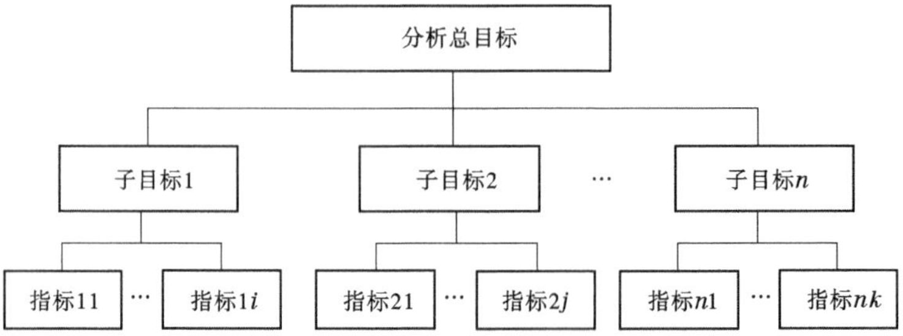

图 5-1　分析指标的层次结构

的是全方位地考虑问题，防止重要指标的遗漏。

3. 初步确立指标体系

初步确立指标体系就是对初选的指标群进行初步筛选，剔除不适宜指标。其基本的方法有主观预断、理论分析和频度统计法。主观预断就是根据专家经验和专业知识，断定可以入选的指标，此方法可以剔除部分指标。理论分析就是将相关的理论作为衡量指标的一种尺度，去掉明显不符合该理论的指标。频度统计法是对目前的研究进行统计，选用使用频率较高的指标作为参选指标的种子。利用主观预断、理论分析和频度分析方法可剔除一部分初选指标，从而初步确立指标体系。

4. 确立指标体系

对初步确立的指标体系进一步筛选，其基本方法是独立性分析和整体性分析，筛选的目的是对意义上有交叉重复的指标进行再次选择或重组，使得所选指标满足科学、完整、独立、可行等原则。独立性分析是在计算各种指标相关系数的基础上，选取一定的阈值（通常在 0.9 以上）作为标准，排除相关密切的指标，避免有相互关系的指标重复作用，选取相互独立的指标；整体性分析就是通过指标重组，仅选取几个整体指标就能包含足够多的信息，以此反映碾压混凝土坝的工作性态。整体性分析通常采用主成分分析方法，该方法在本书的 3.2.3 节中已有介绍，这里不再赘述，采用主成分分析方法对指标进行整体性分析的结果如图 5-2 所示。

5.2.1.3　碾压混凝土坝工作状态变化分析的指标体系确定

根据指标体系构建的原则和方法，构建了一个涉及多层次、多目

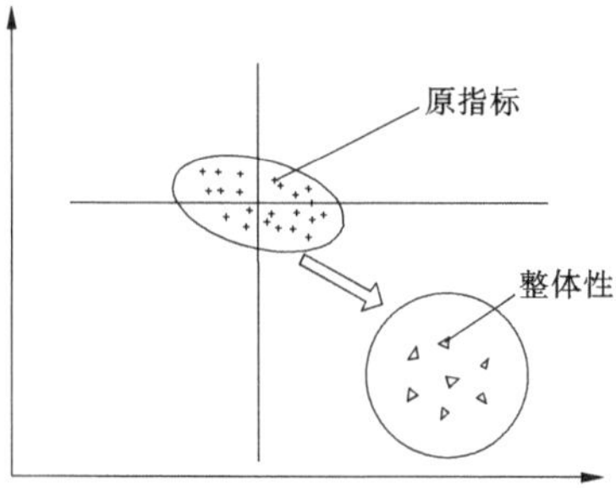

图 5-2　整体性分析示意图

标、多内容的指标体系。第一层次为目标层，表示碾压混凝土坝工作状态变化分析；第二层次为准则层，由变形、渗流、应力、稳定组成；第三层次为指标层，由坝体位移、坝体渗流、坝踵应力、坝趾应力、坝肩应力、层面应力、抗滑稳定构成；第四层次为基础层，表示为水平位移、垂直位移、层面位移占总位移比例、扬压力、渗漏量、层面渗漏量占总渗漏量比例、拉应力区域范围、垂直正应力、最大拉应力、最大压应力、坝基抗滑稳定性、层面抗滑稳定性等，如图 5-3 所示。

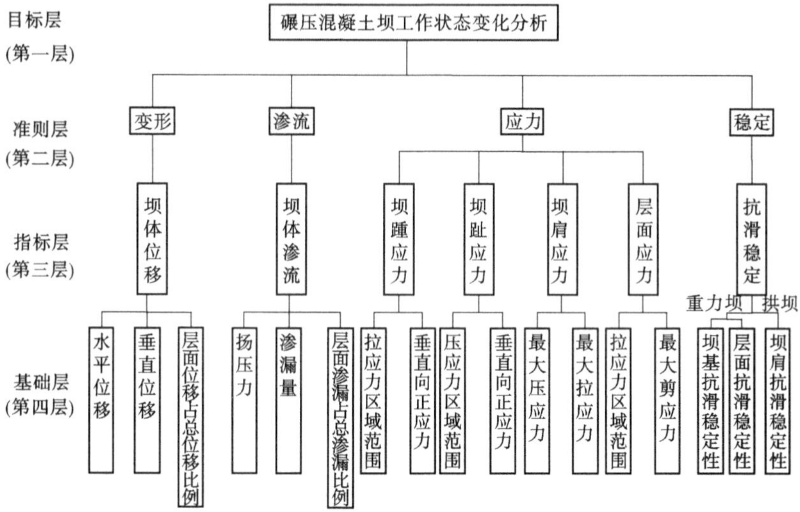

图 5-3　碾压混凝土坝工作状态变化分析指标体系

5.2.2 指标等级划分及区间数表示

5.2.2.1 指标等级划分

根据前面章节对碾压混凝土坝工作性态的重要方面，包括变形和渗流的演变过程和状态判别方法的研究成果，结合已有的大坝安全状况分析，将指标等级划分为5级。碾压混凝土坝工作状态的分析指标有定性指标和定量指标，定性指标一般通过专家经验进行分级；而定量指标则需考虑碾压混凝土坝层面和本体的力学特性，以及在复杂力学作用下坝体内部实测资料变化规律。因此，指标等级划分对定性指标和定量指标分别进行。

1. 定性指标等级划分

碾压混凝土坝整体工作状态变化分析指标体系中的定性指标一般凭借专家经验进行主观评判，为了准确地划分这些定性指标的等级，根据行业法规、相关规范及文献资料，将定性指标的等级按照现场管理、设计复核与施工复查三个方面进行划分，分为5个等级，即 $D=\{Ⅰ,Ⅱ,Ⅲ,Ⅳ,Ⅴ\}$，如表5-1所示。

表5-1 定性指标等级划分

等级	日常巡视和现场检查	设计复核	施工复查
Ⅰ	结构完整无明显损伤，渗流不明显	强度、渗流等满足现行规范要求	施工质量优良
Ⅱ	局部破损伴随少许裂缝，有渗水现象	强度、渗流等基本符合现行规范要求	施工质量能达到设计要求
Ⅲ	存在明显裂缝，有渗漏和析出物，存在隐患破损	局部强度，抗渗能力不符合现行规范要求，但稳定满足安全要求	局部施工质量没有达到设计要求
Ⅳ	出现部分深层裂缝，渗漏严重，有明显析出物	强度和抗渗能力低于现行规范要求，且未采取安全措施	施工质量低于设计要求
Ⅴ	大面积贯穿裂缝，渗流量骤增	发生特大洪水或特大地震，出现失稳破坏	

2. 定量指标等级划分

变形、渗流等效应量的定量监测值分为 5 个级别：Ⅰ级、Ⅱ级、Ⅲ级、Ⅳ级和Ⅴ级。其中，效应量监测值按常规规律变化，即测值不超过设计允许值或历史最大值，称为Ⅰ级；效应量监测值有一定的趋势变化，即测值接近或稍超过设计允许值或历史最大值，但关键部位的变形和渗流等效应量尚属正常，称为Ⅱ级；监测效应量有增大趋势，测值超过设计允许值或历史最大值，但关键部位的变形和渗流等效应量没有明显变化，称为Ⅲ级；监测效应量有增大趋势，测值超过设计允许值或历史最大值，并且关键部位的变形和渗流等效应量也有明显变化，称为Ⅳ级；监测效应量有显著增大趋势，关键部位出现裂缝、集中渗漏或过大变形等，称为Ⅴ级。

此外，碾压混凝土坝由于存在层面，层面特性也会对碾压混凝土坝的工作性态造成影响，这里根据指标构建的原则和方法，用层面变形占总变形的比例、层面渗漏量占总渗漏量的比例等表示层面的影响作用。如何根据前面几章的研究成果将上述定性指标、定量指标用区间数表示将在下节重点研究。

5.2.2.2　指标等级的区间数表示

与点值不同，区间数是用一个区间表示范围的概念。它的标准形式为 $[A] = [a^L, a^U]$，其中 a^L 为区间的下界，a^U 为区间的上界，特别地，当 $a^L = a^U$ 时，区间数 $[A]$ 退化为一个点值，可见点值是区间数的特殊形式。

对于定性指标，一般凭借专家经验进行主观评判，分为 5 级，如果采用 [0,1] 区间表示定性指标，可以采用系统工程中的等区间划分方法，如表 5-2 所示。

表 5-2　定性指标等级的区间数表示

等级	Ⅰ级	Ⅱ级	Ⅲ级	Ⅳ级	Ⅴ级
区间数表示	[0.8,1]	[0.6,0.8)	[0.4,0.6)	[0.2,0.4)	[0,0.2)

与定性指标的等级划分区间不同，定量指标需要考虑碾压混凝土坝层面和本体的力学特性，以及在复杂力学作用下坝体内部实测资料

的变化规律,不能采用等区间方法表示,而要具体考虑变形指标、渗流指标、应力指标和稳定指标的特点,研究其等级划分的区间数表示方法。

1. 变形指标

根据碾压混凝土坝变形演变过程和状态判别方法的研究,结合变形指标的5个等级可知,用变形实测值序列表示的变形指标区间数表示为:当变形等级为Ⅰ级时,$y \in [\hat{y}-2S,\hat{y}+2S]$,且时效分量减小,其中$y$为变形监测序列的实测值,$\hat{y}$为变形演变分析模型计算值,$S$为变形演变分析模型标准差;当变形等级为Ⅱ级时,$y \in (\hat{y}+2S,\hat{y}+3S]$或$y \in [\hat{y}-3S,\hat{y}-2S]$,时效分量有增大趋势,但速率减小;当变形等级为Ⅲ级时,$y \in [y_{1m},y_{2m}]$,其中y_{1m}为一级变形监控指标,y_{2m}为二级变形监控指标;当变形等级为Ⅳ级时,$y \in [y_{2m},y_{3m}]$,其中y_{3m}为三级变形监控指标;当变形等级为Ⅴ级时,$y = y_{3m}$。

对于层面变形对碾压混凝土坝变形性态的影响,由于层面的存在,使得碾压混凝土坝的变形演变过程不同于普通混凝土坝,变形演变模型中层面变形占总变形的比例,可以反映碾压混凝土坝层面变形特性对其工作性态的影响。根据已有文献对层面变形的研究,利用层面变形/总变形的数据,将其表示为:Ⅰ级,[0,0.1);Ⅱ级,[0.1,0.2);Ⅲ级,[0.2,0.3);Ⅳ级,[0.3,0.4);Ⅴ级,[0.4,1]。

2. 渗流指标

根据第3章建立的碾压混凝土坝渗流演变分析模型,结合渗流指标的5个等级可知,用渗流实测值序列表示的渗流指标区间数表示为:当渗流等级为Ⅰ级时,$q \in [\hat{q}-2S,\hat{q}+2S]$,且时效分量减小,其中$q$为渗透压力或渗漏量监测序列的实测值,$\hat{q}$为渗流演变分析模型渗透压力或渗漏量计算值,$S$为渗流演变分析模型标准差;当渗流等级为Ⅱ级时,$q \in (\hat{q}+2S,\hat{q}+3S]$或$q \in [\hat{q}-3S,\hat{q}-2S]$,时效分量有增大趋势,但速率减小;当渗流等级为Ⅲ级时,$q \in [0,q_D]$,$\mathrm{d}^2q_\theta/\mathrm{d}t^2 = 0$,其中$q_D$为设计允许渗透压力,$q_\theta$为渗流演变模型时效分量;当渗流等级为Ⅳ级时，$q \approx [q_D]$，$d^3q_\theta/dt^3 < 0$；当渗流等级为Ⅴ级时，$q \in [q_D, q_M]$，$d^3q_\theta/dt^3 = 0$，其中$q_M$为监测序列的最大值。

对于层面渗流对碾压混凝土坝渗流性态的影响，由于层面的存在，使得碾压混凝土坝的渗漏演变过程不同于普通混凝土坝，渗漏演变模型中层面渗漏量占总渗漏量的比例，可以反映碾压混凝土坝层面渗流特性对其工作性态的影响。根据已有文献对层面渗流的研究，利用层面渗漏量/总渗漏量的数据，将其表示为Ⅰ级，$[0,0.1)$；Ⅱ级，$[0.1,0.2)$；Ⅲ级，$[0.2,0.3)$；Ⅳ级，$[0.3,0.4)$；Ⅴ级，$[0.4,1]$。

3. 应力指标

应力是一种反映坝基和坝体物理力学性态的效应量，也是影响大坝工作性态的监测量，控制部位的应力以及应力区应力状况可以反映混凝土结构的局部开裂以及区域开裂状况。因此，对于运行期的碾压混凝土重力坝，用控制部位的应力及应力区与允许应力之间的关系表示应力等级。当应力等级为Ⅰ级时，坝体上游面的垂直应力不出现拉应力，若规定压应力为正、拉应力为负，则$\sigma \in [0,\sigma_D]$，其中σ为应力，σ_D为设计和规范允许的应力；当应力状态等级为Ⅱ级时，应力超过规范允许应力，处于弹塑性阶段，则$\sigma \in (\sigma_D,\sigma_p]$，其中$\sigma_p$为混凝土的抗拉强度、抗压强度、抗剪强度；当应力状态等级为Ⅲ级时，控制点发生局部开裂，控制点应力超过σ_p，则$\sigma \in (\sigma_p,\sigma_m]$，其中$\sigma_m$为应力序列最大值；当应力状态等级为Ⅳ级时，控制点发生开裂，但控制区域内未发生开裂破坏，则$\sigma(\Omega) \in (\sigma_D,\sigma_p]$，其中$\sigma(\Omega)$为控制区域内应力；当应力状态等级为Ⅴ级时，控制区域内发生开裂破坏，则$\sigma(\Omega) \in (\sigma_p,\sigma(\Omega)_m]$，$\sigma(\Omega)_m$为控制区域内应力序列最大值。

4. 稳定指标

根据强度储备系数法得到抗滑稳定安全系数的评价标准为$K_e \geq [K_e]$，其中K_e为准弹性状态的安全系数；$[K_e]$为安全系数容许值。如果安全系数容许值$[K_e] = 1$，则碾压混凝土坝处于很安全的状态。但是在碾压混凝土坝实际运行过程中，会出现水压超载、工作环境恶化、材料力学参数变异等不利情况，考虑这些不利情况的影响，表示为$[K_e] = 1.0 \times (1 + |K_d - K_m| / K_d)$，其中$K_d$为设计情况下的准弹性强

度储备系数；K_m 为多种因素变化时对应的准弹性强度储备系数最小值，其影响因素较多并且较为复杂，其中凝聚力和摩擦系数是最为重要的因素。对于坝基的抗滑稳定性，文献[103]采用准弹性状态的安全系数和安全系数容许值的比值，即 $K_e/[K_e]$ 划分了等级，采用区间数的形式表示为：Ⅰ级，[1,2]；Ⅱ级，[0.9,1)；Ⅲ级，[0.8,0.9)；Ⅳ级，[0.7,0.8)；Ⅴ级，[0.6,0.7)。

与普通混凝土坝相比，碾压混凝土坝具有层层碾压特性，层面很可能成为抗滑稳定相对薄弱面。对于层面抗滑稳定性，文献[12]则采用凝聚力和摩擦系数表示层面的抗滑稳定性。根据文献[12]对碾压混凝土坝层面抗滑稳定性的研究成果，将层面的抗滑稳定性用层面凝聚力/碾压混凝土凝聚力和层面摩擦系数/碾压混凝土摩擦系数表示。对于层面凝聚力/碾压混凝土凝聚力，其等级划分用区间数表示为：Ⅰ级，[0.8,1]；Ⅱ级，[0.7,0.8)；Ⅲ级，[0.6,0.7)；Ⅳ级，[0.5,0.6)；Ⅴ级，[0,0.5)。对于层面摩擦系数/碾压混凝土摩擦系数，其等级划分用区间数表示为：Ⅰ级，[0.95,1]；Ⅱ级，[0.9,0.95)；Ⅲ级，[0.8,0.9)；Ⅳ级，[0.7,0.8)；Ⅴ级，[0,0.7)。

5.2.3　区间数指标的无量纲化方法

在指标等级的区间数表示中，有些是没有单位的，有些是具有不同单位的；有些是越大越好型的，即数值越大，碾压混凝土坝工作性态越好，有些是越小越好型的，即数值越小，碾压混凝土坝工作性态越好。为了使这些不同类型的指标具有可比性，需要对它们进行无量纲化处理。

对于点值，常常采用极差变换法、线性变换法、向量归一化法、标准样本变换法、比重变换法、固定型变换法等方法进行无量纲化处理。然而，对于区间数的无量纲化处理，主要的处理思路有两种："区间—点"思路和"区间—区间"思路。

5.2.3.1　"区间—点"方法

"区间—点"方法是将区间看成由许多离散的点值组成的，其标准化的一般公式为

正指标　$$r_{ij} = (y_{ij} - \min_{\substack{1 \leq i \leq n \\ 1 \leq j \leq m}} y_{ij}) / (\max_{\substack{1 \leq i \leq n \\ 1 \leq j \leq m}} y_{ij} - \min_{\substack{1 \leq i \leq n \\ 1 \leq j \leq m}} y_{ij}) \tag{5-1}$$

逆指标　$$r_{ij} = (\max_{\substack{1 \leq i \leq n \\ 1 \leq j \leq m}} y_{ij} - y_{ij}) / (\max_{\substack{1 \leq i \leq n \\ 1 \leq j \leq m}} y_{ij} - \min_{\substack{1 \leq i \leq n \\ 1 \leq j \leq m}} y_{ij}) \tag{5-2}$$

式中，y_{ij} 为第 j 个等级中第 i 个指标值；r_{ij} 为第 j 个等级中第 i 个指标标准化后的值。

经过这样的处理后，所有等级中的指标值都标准化到 [0,1]。

5.2.3.2 “区间—区间”方法

“区间—区间”方法是将各等级中的区间看成一个整体，找到最大的区间（正指标情形下）或最小的区间（逆指标情形下），通过相对化的区间数运算进行无量纲化处理，表示为

正指标　$$r_{ij} = y_{ij} / \max_{1 \leq j \leq m}(y_{ij}) \tag{5-3}$$

逆指标　$$r_{ij} = \min_{1 \leq j \leq m}(y_{ij}) / y_{ij} \tag{5-4}$$

式中，$\max\limits_{1 \leq j \leq m}(y_{ij}) = [\max\limits_{1 \leq j \leq m}(y_{ij}^{L}), \max\limits_{1 \leq j \leq m}(y_{ij}^{U})]$ 和 $\min\limits_{1 \leq j \leq m}(y_{ij}) = [\min\limits_{1 \leq j \leq m}(y_{ij}^{L}), \min\limits_{1 \leq j \leq m}(y_{ij}^{U})]$ 分别表示最大区间和最小区间，上标 L、U 分别表示区间的下限和上限，其他符号含义同前。

最大区间和最小区间的确定涉及区间排序问题。对于区间排序问题可以描述为：如果存在两个区间数 $[A_1] = [a_1^L, a_1^U]$ 和 $[A_2] = [a_2^L, a_2^U]$，则 $[A_1]$、$[A_2]$ 之间的大小关系有以下三种情况：

分离情况：$a_1^U < a_2^L$ 或 $a_2^U < a_1^L$；

交叠情况：$a_1^L \leq a_2^L < a_1^U \leq a_2^U$ 或 $a_2^L \leq a_1^L < a_2^U \leq a_1^U$；

包含情况：$a_1^L \leq a_2^L < a_2^U \leq a_1^U$ 或 $a_2^L \leq a_1^L < a_1^U \leq a_2^U$。

将以上三种情况描绘在数轴上，分别如图 5-4(a) ~ (c)所示。

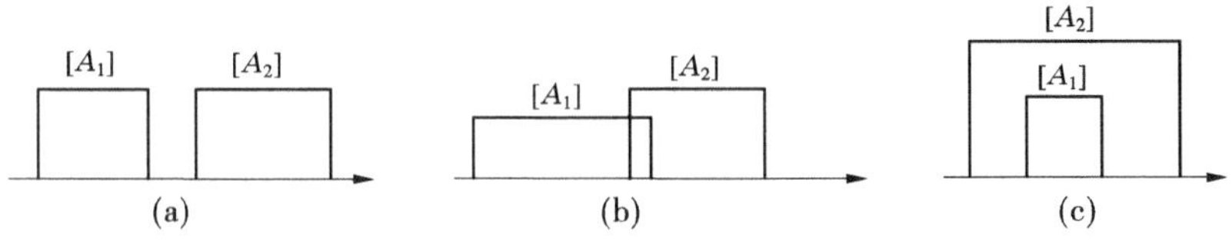

图 5-4　区间比较的三种情况

在区间比较方面已经有不少学者进行了研究，提出了区间比较的方法，其中代表性的有可能度方法、相似度方法和优势度方法等。本书采用基于可能度矩阵的方法对 $[A_1]$ 和 $[A_2]$ 进行比较。记 $l(A_1) = a_1^U - a_1^L$, $l(A_2) = a_2^U - a_2^L$,则 $[A_1] \geqslant [A_2]$ 的可能度为

$$p([A_1] \geqslant [A_2]) = \max\left\{1 - \max\left[\frac{a_2^U - a_1^L}{l(A_1) + l(A_2)}\right], 0\right\} \quad (5\text{-}5)$$

根据式(5-5)，可以对一组区间数 $[A_i] = [a_i^L, a_i^U](i = 1,2,\cdots,n)$ 进行两两比较，得到相应的可能度 $p([A_i] \geqslant [A_j])(i,j = 1,2,\cdots,n)$ ，简记为 $p_{ij}(i,j = 1,2,\cdots,n)$ ，因此可以建立可能度矩阵：

$$P = \begin{bmatrix} p_{11} & p_{12} & \cdots & p_{1n} \\ p_{21} & p_{22} & \cdots & p_{21} \\ & & \vdots & \\ p_{n1} & p_{n2} & \cdots & p_{nn} \end{bmatrix} \quad (5\text{-}6)$$

式(5-6)表示的可能度矩阵包含了该组区间数相互比较的所有信息，如果能求解得到可能度矩阵的排序向量，则该组区间数的排序问题便迎刃而解。因 P 中元素 $p_{ij}(i,j = 1,2,\cdots,n)$ 满足式(5-7)：

$$0 \leqslant p_{ij} \leqslant 1, p_{ij} + p_{ji} = 1 \quad (i,j = 1,2,\cdots,n) \quad (5\text{-}7)$$

因此，矩阵 P 是一个模糊互补判断矩阵，它的排序向量 $\omega = (\omega_1, \omega_2, \cdots, \omega_n)^{\mathrm{T}}$ ，其中

$$\omega_i = \frac{\sum_{j=1}^{n} p_{ij} + \frac{n}{2} - 1}{n(n-1)} \quad (i = 1,2,\cdots,n) \quad (5\text{-}8)$$

从而根据 ω_i 对 $[A_i]$ 排序，进而对区间数指标进行无量纲化处理。

5.3 碾压混凝土坝工作状态变化分析的区间数权重

碾压混凝土坝工作状态的指标权重是用来权衡分析指标相对重要程度的量，权重确定是否合理将直接影响到工作性态分析评判的有效性、客观性和合理性。目前，权重确定的方法主要有三类：一是主观定

权法,如专家打分法、层次分析法、德尔菲法等;二是客观定权法,如主成分分析法、因子分析法、熵权法、离差最小二乘法等;三是组合定权法,即主、客观方法得到的权重以某种形式进行组合得到组合权重。在这些方法中,主观定权法是采用专家或个人的经验或先验知识,对所有指标的权重系数进行确定,它可以避免指标权重不匹配实际重要性程度的问题,但是这种方法具有较强的主观性,在一定程度上影响分析结果的有效性;客观定权法通过分析大量数据对指标的权重加以确定,通常具有较强的客观性,但是在数据分析过程中偶尔也会出现与实际相悖的情况;组合定权法是将主客观定权法得到的指标权重进行合理组合,它能够避免单一的主观定权法或客观定权法给权重确定结果带来的片面性。

不管是主观定权法、客观定权法还是组合定权法,它们多是针对指标为点值的情形,并且得到的权重也是点值形式,尚缺少区间权重方面的研究,然而采用区间数来描述权重,可以体现出综合分析过程中的模糊性和不确定性,具有实际意义,因此本书在区间权重方面做一些尝试性的工作,在分析区间定权的专家赋权法和区间定权的改进层次分析法的基础上,确定指标的综合区间权重。

5.3.1 区间定权的专家赋权法

如果由 n 位专家组成专家组,对 p 个指标的重要性进行打分,记专家 k 给指标 j 的打分为 $[w_{kj}] = [w_{kj}^L, w_{kj}^U](1 \leqslant k \leqslant n, 1 \leqslant j \leqslant p)$,则专家赋权法的区间定权数据结构如表 5-3 所示。

表 5-3 中, $[w_{Nj}] = [w_{Nj}^L, w_{Nj}^U]$ 表示专家对第 j 个指标给出的权重区间,由于不同专家的知识经验不同,其给出的权重区间的重要性程度也会不同,根据专家的重要性程度,赋予专家一定权重,进行加权平均,可以得到专家赋权法对于某指标的区间权重,表示为

$$[w_{Nj}] = \sum_{k=1}^{n} \rho_k \times [w_{kj}] \tag{5-9}$$

式中, ρ_k 为赋予第 k 位专家重要性程度的权重;其余符号含义同前。

表 5-3 专家赋权法的区间定权数据结构

评估指标	指标 1	指标 2	…	指标 p
专家 1	$[w_{11}^L, w_{11}^U]$	$[w_{12}^L, w_{12}^U]$	…	$[w_{1p}^L, w_{1p}^U]$
专家 2	$[w_{21}^L, w_{21}^U]$	$[w_{22}^L, w_{22}^U]$	…	$[w_{2p}^L, w_{2p}^U]$
⋮	⋮	⋮	⋮	⋮
专家 n	$[w_{n1}^L, w_{n1}^U]$	$[w_{n2}^L, w_{n2}^U]$	…	$[w_{np}^L, w_{np}^U]$
专家组	$[w_{N1}^L, w_{N1}^U]$	$[w_{N2}^L, w_{N2}^U]$	…	$[w_{Np}^L, w_{Np}^U]$

5.3.2 区间定权的改进层次分析法

层次分析法是通过两两比较的方式,确定各指标重要性程度,进而给出各指标权重的方法。它的计算过程通常包括三个步骤:对指标的重要性进行两两比较,构造两两比较的判断矩阵;对判断矩阵进行一致性检验;计算各指标的排序权重。如果利用最优传递矩阵对常规的层次分析法进行改进,则形成了改进的层次分析法,它通过最优传递矩阵将比较矩阵转化为一致性矩阵,不再需要一致性检验,可以快速得到各指标的排序权重,然而目前的应用中,通过两两比较得到的判断矩阵元素多是点值,为了量化比较过程中的模糊性和不确定性,本书采用区间形式的数构造判断矩阵,计算最优传递矩阵,从而求得变形、渗流、应力和稳定各指标的区间权重,其具体步骤如下。

(1)根据变形、渗流、应力和稳定等指标对碾压混凝土坝工作状态变化的影响程度,采用互反型 1 ~ 9 标度法如表 5-4 所示,构造判断矩阵 B 。

表 5-4 互反型 1 ~ 9 标度法

等级	1	3	5	7	9	2,4,6,8
语言描述的程度	同等	稍微	明显	强烈	极端	上述相邻判断的中间值

如 i 因素和 j 因素的重要性程度相比，处于“明显”和“强烈”之间，则 b_{ij} 为 $[5,7]$，互反型是指 $b_{ij} = 1/b_{ji}$，如此可得变形、渗流、应力和稳定等指标的判断矩阵 B。

（2）求判断矩阵 B 的传递矩阵

$$C = (\ln b_{ij})_{p\times p} \tag{5-10}$$

（3）求传递矩阵 C 的最优传递矩阵

$$D = (d_{ij})_{p\times p} \tag{5-11}$$

式中，$d_{ij} = \dfrac{1}{p}\sum_{k=1}^{p}(\ln b_{ik} - \ln b_{jk})$。

（4）第 j 个指标的权重系数

$$\overline{w_j} = \sqrt[p]{\prod_{i=1}^{p} \mathrm{e}^{d_{ij}}} \Big/ \sum_{j=1}^{p}\sqrt[p]{\prod_{i=1}^{p} \mathrm{e}^{d_{ij}}} \quad (j = 1,2,\cdots,p) \tag{5-12}$$

5.3.3　综合区间数权重

以上探讨了区间定权的专家赋权法和改进层次分析法，如果将专家赋权法和改进层次分析法得到的权重按 q_1 和 $1 - q_1$ 的比例进行组合，则综合权重为

$$[w_j] = q_1[w_{Nj}] + (1 - q_1)[\overline{w_j}] \tag{5-13}$$

式中，$0 < q_1 < 1$。

因此，各指标的权重区间可表示为

$$[\overrightarrow{W}] = ([w_1],[w_2],\cdots,[w_p]) \tag{5-14}$$

式中，$[w_i]$ 为第 i 个指标的综合区间权重。

需要注意的是，碾压混凝土坝各指标权重之间是此消彼长的关系，运用时需要结合实际，即要满足 $\sum w_i = 1(0 \leqslant w_i \leqslant 1)$，其中 w_i 为变形、渗流、应力、稳定等指标的权重，用三个坐标轴和颜色来表示这四维变量之间的关系，如图 5-5 所示，其中 x、y、z 轴分别表示变形指标、渗流指标、应力指标的权重，颜色表示稳定指标的权重。

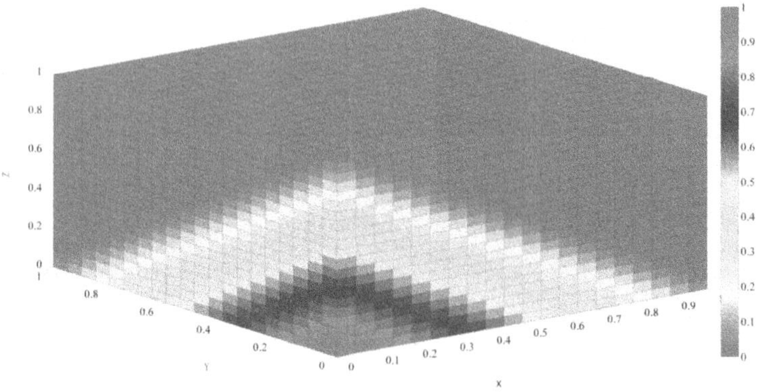

图 5-5　四维权重关系

5.4　碾压混凝土坝工作状态变化的区间分析模型

碾压混凝土坝工作状态变化的区间分析模型建立在分析指标和指标权重的基础上,根据分析指标和指标权重的数据形式,可以将区间分析分为全局型区间分析和部分型区间分析,如表 5-5 所示。

表 5-5　区间分析类型

区间分析类型		指标权重	
		点值	区间数
分析指标	点值	Ⅰ	Ⅱ
	区间数	Ⅲ	Ⅳ

从表 5-5 中可以看出,Ⅰ类是分析指标和指标权重均为点值的情况;Ⅱ、Ⅲ类是分析指标和指标权重中有一项为区间数的情况,即部分型区间分析;Ⅳ类是分析指标和指标权重均为区间数的情况,即全局型区间分析。本节将在上述两节研究的基础上建立碾压混凝土坝工作状态变化的全局型区间分析模型。

5.4.1　碾压混凝土坝工作状态变化的区间数表示

在 5.2 节确定了综合分析指标的层次结构和区间之后，采用“区间—点”方法对基础层进行标准化，采用专家赋权法赋予基础层一定权重，得到指标层。而后为了保证不同指标之间具有可比性，采用“区间—区间”方法对指标层进行标准化，使指标层标准化在 [0,1] 内。采用 5.3 节中的专家赋权法及改进层次分析法分别确定权重，对两种方法得到的权重进行组合，得到综合区间权重。

碾压混凝土坝工作状态变化分析的指标 $[\overrightarrow{A}]$ 和指标权重 $[\overrightarrow{W}]$ 确定后，可以计算分析区间数 $[\overrightarrow{R}]$，表示为

$$[\overrightarrow{R}] = [\overrightarrow{A}] \cdot [\overrightarrow{W}]^{\mathrm{T}} \tag{5-15}$$

式中，$[\overrightarrow{A}] = \{[a_1,a_2],[a_3,a_4],[a_5,a_6],[a_7,a_8]\}$ 代表了变形、渗流、应力和稳定几个要素的指标区间，$[\overrightarrow{W}] = \{[w_1,w_2],[w_3,w_4],[w_5,w_6],[w_7,w_8]\}$ 则表示变形、渗流、应力和稳定几个要的权重区间。它们之间的运算结果也是一个区间，表示为 $[\overrightarrow{R}] = [R_1,R_2]$，其中 R_1、R_2 分别是运算得到的最小值和最大值。运算过程实际是一个优化问题，将其表示如下。

目标函数：

$$Z = x_1y_1 + x_2y_2 + x_3y_3 + x_4y_4 \tag{5-16}$$

约束条件：

$$\begin{cases} a_1 \leqslant x_1 \leqslant a_2, a_3 \leqslant x_2 \leqslant a_4, a_5 \leqslant x_3 \leqslant a_6, a_7 \leqslant x_4 \leqslant a_8 \\ w_1 \leqslant y_1 \leqslant w_2, w_3 \leqslant y_2 \leqslant w_4, w_5 \leqslant y_3 \leqslant w_6, w_7 \leqslant y_4 \leqslant w_8 \\ y_1 + y_2 + y_3 + y_4 = 1 \end{cases} \tag{5-17}$$

利用 Matlab 计算软件编制程序求解该优化问题，得到工作状态变化的区间数。

5.4.2　碾压混凝土坝工作状态评判标准

为了进一步分析碾压混凝土坝的工作状态变化，在得到碾压混凝土坝工作状态变化的区间数之后，还需将其与碾压混凝土坝工作状态

的评判标准进行比较，得出碾压混凝土坝工作状态变化的评判结论，因此需要确定合理的评判等级标准。如果等级划分过少，势必显得粗略，不利于真实合理地反映碾压混凝土坝的工作状态；如果等级划分过多，又会增加等级确定的难度和计算量。根据《水电站大坝安全检查施行细则》和统计资料，通常将大坝的工作性态分为三个等级：一类坝或正常坝、二类坝或病坝、三类坝或险坝。其中，一类坝为正常运行坝，指大坝达到设计要求的功能，不存在影响正常使用的缺陷，且主要监测量处于正常情况；二类坝为带病运行的大坝，指大坝的某项功能不能完全满足设计要求，或主要监测量出现某些异常，影响正常使用的情况；三类坝为有危险类型的坝，指大坝出现危及安全的严重缺陷，或环境中某些危及安全的因素正在加剧，或主要监测量出现险情，若按设计条件继续运行将出现失事的情况。

但是，在大坝的实际运行中，一些正常坝也存在某些不利于大坝安全的因素，而险坝的险情程度也常常不同。2008 年汶川地震后，水利部对震区的水库大坝进行了安全排查，发现全国有 2 380 座大坝因汶川地震而出现险情，其中四川 1 803 座，在四川出现的这些险坝中，有 69 座存在溃坝险情、310 座存在高危险情、1 424 座存在次高危险情。因此，将评判等级适当细分有利于更准确地对大坝工作性态做出评判，根据规范中的评判等级和汶川地震中大坝险情的分类标准，将碾压混凝土坝工作性态分为 5 级：正常、基本正常、轻度异常、异常和险情。在采用 [0,1] 区间量化评判标准时，可以采用系统工程中的等区间划分方法来划分，如表 5-6 所示。

表 5-6　碾压混凝土坝工作状态评判标准

工作状态	正常	基本正常	轻度异常	异常	险情
评判标准	[0.8,1]	[0.6,0.8)	[0.4,0.6)	[0.2,0.4)	[0,0.2)

5.4.3　碾压混凝土坝工作状态变化评判过程

将计算出的碾压混凝土坝工作状态变化的区间数与评判标准比较，可以得出碾压混凝土坝工作状态变化的评判结论。如果工作状态变化的区间数落入评判标准的某个区间内，那么其工作状态就为评判标准对应的状态；如果工作状态变化的区间数处于评判标准的交叠状态，那么其工作性态可能介于两种状态之间。综上可得，碾压混凝土坝工作状态变化的评判过程如图 5-6 所示。

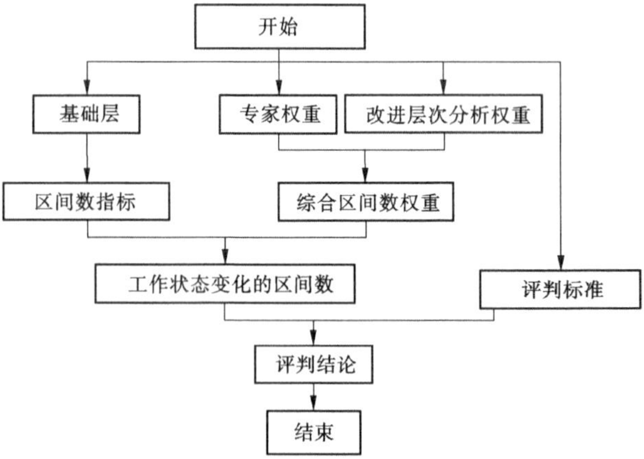

图 5-6　碾压混凝土坝工作状态变化分析过程

5.5　工程实例

对第 3 章和第 4 章工程实例中某碾压混凝土坝的工作状态变化进行分析，首先构建指标体系，将指标表示为区间数的形式；其次采用区间定权的专家赋权法和改进层次分析法确定权重，得到综合区间权重；最后得出工作状态变化的分析结果。

5.5.1　工作状态变化分析指标

对于变形指标，在 2006 年 10 月 10 日至 2009 年 8 月 28 日监测时段内，IP-11、PL11-3 和 PL11-2-2 有测值，采用第 4 章中变形演变分析模型，计算得到实测值与计算值的差值 $|y-\hat{y}|$、层面变形/总变形，如表 5-7所示。

表 5-7　变形区间指标

基础层	区间	对应级别
$\lvert y-\hat{y}\rvert$	[0,2S]	Ⅰ级
层面变形/总变形	[0.04,0.06]	Ⅰ级

对于渗流指标，11#坝段 5 个扬压力测点 UP-1、UP-2、UP-3、UP-4 和 UP-5，在 2006 年 10 月 10 日至 2009 年 8 月 28 日监测时段内，利用第 3 章渗流演变分形模型，计算得到 $q/[q_D]$ 以及层面渗漏量/总渗漏量，如表 5-8 所示。

表 5-8　渗流区间指标

基础层	区间	对应级别
$q/[q_D]$	[0,1]	Ⅰ级
层面渗漏量/总渗漏量	[0.13,0.16]	Ⅱ级

对于应力指标，根据文献[184]，11#坝段有 4 组 5 向应力应变计组，在 2006 年 10 月 10 日至 2009 年 8 月 28 日监测时段内，最大主应力均小于 1.5 MPa，与文献[185]中允许压应力 6 MPa 相比，小于允许压应力的 25%，见表 5-9。

表 5-9　应力区间指标

基础层	区间	对应级别
$\sigma/[\sigma]$	[0,0.25]	Ⅰ级

对于稳定指标，根据文献[103]中层面抗剪断参数 f' 和 c' 的反演值，与文献[185]中碾压混凝土坝抗剪断参数 f' 和 c' 的设计值相比，可以得到稳定指标，如表 5-10 所示。

表 5-10　稳定区间指标

基础层	区间	对应级别
层面凝聚力/碾压混凝土凝聚力	[0.6,0.96]	Ⅲ级和Ⅰ级之间
层面摩擦系数/碾压混凝土摩擦系数	[0.83,0.97]	Ⅲ级和Ⅰ级之间

采用上文提出的标准化方法，对基础层指标进行标准化，结果为$[\vec{a}]$ = {[0.8,1]，[0.88,0.92]，[0.8,1]，[0.66,0.8]，[0.9,1]，[0.6,0.96]，[0.46,0.88]}，从而得到标准化后的指标为$[\vec{A}]$ = {[0.86,0.96]，[0.73,0.9]，[0.9,1]，[0.53,0.92]}。

5.5.2 工作状态变化分析指标权重

采用专家赋权法得到$[\overrightarrow{W_1}]$ = {[0.1,0.3]，[0.3,0.4]，[0.15,0.2]，[0.3,0.4]}，改进层次分析法计算得到$[\overrightarrow{W_2}]$ = {[0.11,0.13]，[0.23,0.29]，[0.05,0.07]，[0.50,0.61]}，若分别赋予两种方法得到的结果$[\overrightarrow{W_1}]$、$[\overrightarrow{W_2}]$的权重为0.4和0.6，则综合权重$[\vec{W}]$的计算结果$[\vec{W}]$ = {[0.11,0.20]，[0.26,0.33]，[0.09,0.12]，[0.42,0.53]}。

5.5.3 工作状态变化分析结果

求出指标和指标权重后，工作性态变化的区间数求解的问题转化为

目标函数：

$$Z = x_1y_1 + x_2y_2 + x_3y_3 + x_4y_4$$

约束条件：

$$\begin{cases} 0.86 \leqslant x_1 \leqslant 0.96, 0.73 \leqslant x_2 \leqslant 0.9, 0.9 \leqslant x_3 \leqslant 1, 0.53 \leqslant x_4 \leqslant 0.92 \\ 0.11 \leqslant y_1 \leqslant 0.20, 0.26 \leqslant y_2 \leqslant 0.33, 0.09 \leqslant y_3 \leqslant 0.12, 0.42 \leqslant y_4 \leqslant 0.53 \\ y_1 + y_2 + y_3 + y_4 = 1 \end{cases}$$

采用Matlab编制程序求解该问题得到$[\vec{R}]$ = [0.654,0.932]，与评判标准对比，可知该碾压混凝土坝的工作状态变化在基本正常和正常之间。

5.6 本章小结

本章在本书第2～4章研究的基础上，对碾压混凝土坝工作状态变

化的区间分析方法进行了研究，主要研究内容有：

(1)针对碾压混凝土坝工作状态变化分析中存在不确定性的问题，采用区间分析方法表征了分析指标和指标权重，据此提出了基于区间数理论的碾压混凝土坝工作状态变化的分析方法。

(2)研究了引起碾压混凝土坝工作状态变化的主要因素，建立了碾压混凝土坝工作状态变化分析的指标体系，提出了指标的区间数表示方法；为了使不同类型、不同单位的指标具有可比性，研究了区间数指标的无量纲化方法。同时，在对指标相对重要性程度的主、客观表示方法研究的基础上，提出了指标的区间数赋权方法。

(3)在区间数指标和区间数权重研究的基础上，建立了包括基础层、指标层、准则层、目标层等多层次碾压混凝土坝工作状态变化区间分析模型；结合规范和相关统计资料，研究了碾压混凝土坝工作状态的评判标准，并通过算例对方法的有效性进行了验证。

第 6 章　总结与展望

6.1　全书总结

本书在国家自然科学基金项目“碾压混凝土坝力学特性与安全监控方法研究”(No. 51079046)、江苏省普通高校研究生科研创新计划项目“碾压混凝土坝渐变力学特性与安全监控方法研究”(No. CXZZ11_0443)等资助下,综合运用现代数学力学方法和坝工知识,结合原位监测等资料,深入研究了碾压混凝土坝工作性态演变分析方法,全书总结如下。

6.1.1　研究内容

本书的主要研究内容如下:

(1)采用现场试验资料,对振动碾加速度和激振力在碾压层内的分布规律进行了研究,基于典型工程现场试验资料,分析了碾压层内密度衰减规律,提出了碾压层内密度衰减的平方指数模型,在此基础上,研究并提出了碾压层内渗透系数和弹性模量的渐变表达式。

(2)研究了碾压混凝土坝渗透系数和弹性模量等力学参数的等效分析方法,建立了考虑参数渐变的等效分析模型,利用自适应人工鱼群算法,确定了碾压混凝土坝等效参数。

(3)在分析碾压混凝土坝本体和层面渗流特点的基础上,研究了碾压混凝土坝层面厚度和渗透系数的确定方法,建立了考虑层面影响的碾压混凝土坝渗漏量演变分析混合模型,以及碾压混凝土坝渗透压力演变分析混合模型;研究了碾压混凝土坝渗流主要影响因素的提取方法,提出了碾压混凝土坝渗流演变分析的最小二乘小波支持向量机模型;探讨了渗流状态的时效分量判别法和最小二乘小波支持向量机模型判别法。

(4)对最小二乘小波支持向量机模型的残差序列进行相空间重构,提出了采用相空间中最邻近点之间距离来表征碾压混凝土坝渗流演变的方法,探讨了渗流状态的熵变判别方法,通过工程实例验证了所提出的碾压混凝土坝渗流演变分析方法的有效性。

(5)分析了碾压混凝土坝变形演变的影响因素,研究了碾压混凝土坝的变形过程、相应的材料本构模型构建方法,开发了相应的有限元计算分析程序,并在此基础上建立了碾压混凝土坝变形演变分析模型,研究了变形状态的时效分量判别法和尖点突变判别方法。

(6)运用分形理论,表征了大坝变形过程中的分形特征量,提出了利用分形维数对变形状态判别的方法;基于分形插值函数,建立了分析碾压混凝土坝变形变化趋势的方法,通过工程实例验证了提出的变形性态变化分析方法的可行性和有效性。

(7)研究了碾压混凝土坝工作状态变化的主要影响因素,建立了碾压混凝土坝工作状态变化分析的指标体系,探讨了指标的区间数表示方法,为了使不同类型、不同单位的指标具有可比性,研究了区间数指标的无量纲化方法;在对指标相对重要性程度的主、客观表示方法研究的基础上,提出了指标的区间数赋权方法。

(8)建立了涉及基础层、指标层、准则层、目标层的多层次碾压混凝土坝工作状态变化区间分析模型;结合规范和相关统计资料,研究了碾压混凝土坝工作状态的评判标准,据此对碾压混凝土坝的工作状态变化进行分析评判,通过算例验证了方法的有效性。

6.1.2　主要创新点

本书的主要创新点如下:

(1)从碾压混凝土坝特点出发,基于现场试验数据,分析了激振力对碾压层内密度的影响及渐变规律,提出了碾压层内力学参数平方指数渐变分布模型,并在对参数渐变分布等效分析方法研究的基础上,建立了等效参数和渐变参数之间的关系式。

(2)提出了碾压混凝土层层面厚度和渗透系数的确定方法;建立

了碾压混凝土坝渗流演变分析的最小二乘小波支持向量机模型,并对该模型的残差序列进行相空间重构,据此提出了采用相空间中邻近点之间的距离来表征碾压混凝土坝渗流演变的方法。

(3)在碾压混凝土坝结构特性研究的基础上,开发了综合反映碾压混凝土坝层面影响的有限元结构分析程序;采用分形维数表征了碾压混凝土坝变形演变过程中的分形特征,基于分形插值函数,提出了分析碾压混凝土坝变形变化趋势的方法及相应的变形状态判别方法。

(4)引入区间数理论,采用区间形式的数据对碾压混凝土坝工作状态变化分析中的不确定性进行描述和度量,研究了分析指标和指标权重的区间数表示方法及区间数指标的无量纲化方法,建立了由多个层次组成的区间分析模型,由此对碾压混凝土坝工作状态变化进行评判。

6.2 展　望

本书对碾压混凝土坝工作性态演变分析方法进行了较为深入的研究,但由于碾压混凝土坝施工层面的特殊性,影响其工作性态的因素十分复杂,下列问题需要进一步研究。

(1)本书在碾压混凝土坝工作性态演变分析中,主要以渗流和变形为对象进行了研究,关于大坝的强度可通过变形来反映,但稳定由于无实际的监测资料,只能通过变形数值分析方法得到,目前有限元方法得到的稳定分析结果尚无规范可循,可通过荷载效应等效化处理后得到与规范相对应的结果,关于荷载等效化处理方法有待进一步研究。

(2)本书引入混沌理论和分形理论,采用一些非线性动力系统指标,如 Lyapunov 指数、Kolmogorov 熵等表征碾压混凝土坝工作性态中的非线性特征及状态判别方法,然而目前这些指标的提取算法对噪声的干扰较为敏感,还需要进一步研究鲁棒性强的非线性动力系统指标的提取方法。

(3)本书采用区间形式的数据描述工作状态变化分析中的不确定性因素,据此对碾压混凝土坝的工作状态变化进行分析,然而碾压混凝土坝工作性态涉及的指标因素和层次较多,其中存在不确定性因素相互交叉关系,上述问题目前尚未找到理想的方法,需要进一步深化研究。

参考文献

[1] Karimpour A. Effect of time span between mixing and compacting on Roller Compacted Concrete (RCC) containing Ground Granulated Blast Furnace Slag (GGBFS) [J]. Construction and Building Materials, 2010, 24:2079-2083.

[2] 刘海成. 碾压混凝土拱坝温度应力与诱导缝开裂分析[D]. 大连:大连理工大学,2004.

[3] Raphael, J M. The optimum gravity dam[C]. 3RD Specialty Conference on Roller Compacted Concrete. San Diego. 1992.

[4] 张镜剑. 碾压混凝土坝的历史、现状和趋势[J]. 华北水利水电学院学报,2000,21(3):1-7.

[5] 仲琳. 碾压混凝土坝安全监控模型及其应用研究[D]. 南京:河海大学,2005.

[6] Brian Forbes. RCC-new developments and innovations[C]. Brazilian International Roller Compacted Concrete (RCC) Symposium. Salvador. 2008.

[7] Dunsan. 2006 年底碾压混凝土坝综述[C]. 第五届碾压混凝土坝国际研讨会. 贵阳. 2007.

[8] 朱伯芳. 我国混凝土坝坝型的回顾与展望[J]. 水利水电技术, 2008, 39(9): 26-32.

[9] 张志, 陈以确. 福建省大田县坑口碾压混凝土试验坝 20 年回眸[C]//庆祝坑口碾压混凝土坝建成二十周年暨龙滩 200 m 级碾压混凝土坝技术交流会. 广西龙滩,2006.

[10] 谢永英, 付波. 金安桥水电站大坝碾压混凝土施工技术及创新[C]//2010 年度全国碾压混凝土筑坝技术交流研讨会. 贵阳. 2010.

[11] 胡晓林, 龚永生. 景洪水电站工程的进度管理[J]. 水力发电,2008,34(4):1-3.

[12] Graca N G, Batista E L, Bittencourt R M, et al. Brazilian experience of Roller Compacted Concrete (RCC) [C]. 4th International Symposium on Roller Compacted Concrete Dams. Madrid Spain. 2003.

[13] Bass R P. RCC construction - acceptable means and methods [C]. 4th International Symposium on Roller Compacted Concrete Dams. Madrid Spain.

2003.

[14] Nagayama I, Jikan S. 30 years' history of Roller-Compacted Concrete dams in Japan[C]. 4th International Symposium on Roller Compacted Concrete Dams. Madrid Spain. 2003.

[15] Martin J, Sanchez J E, Gil A, et al. Design, construction and operation of Cenza dam[C]. 4th International Symposium on Roller Compacted Concrete Dams. Madrid Spain. 2003.

[16] 陈龙. 碾压混凝土坝空间渐变力学特性及安全监控模型研究[D]. 南京:河海大学,2006.

[17] 王成磊. 浅析碾压混凝土坝的发展趋势[J]. 科技创新导报,2010(19):61.

[18] Fedosov V E, Kogan E A. Osipov A D. Materials for Roller Compacted Concrete used in modern dam construction[J]. Hydrotechnical Construction, 1998, 32(4): 181-188.

[19] Zienkiewicz O C, Pande G N. Time-dependent multilaminate model of rocks-a numerical study of deformation and failure of rock masses[J]. International Journal for Numerical and Analytical Methods in Geomechanics, 1977, 1(3): 219-247.

[20] Gerrard C M. Elastic models of rock masses having one, two and three sets of joints[J]. International Journal of Rock Mechanics and Mining Science & Geomechanics, 1982, 19(1): 15-23.

[21] Pande G N, Beer G, Williams J R. Numerical methods in rock mechanics[M]. England: John Wiley & Sons Ltd, 1990.

[22] Pande G N, Yamada M. The multilaminate framework of models for rock and soil masses[J]. International Journal of Rock Mechanics and Mining Sciences and Geomechanics, 1995, 32(3): 117A-117A(1).

[23] 王宗敏, 刘光廷. 碾压混凝土坝的等效连续本构模型[J]. 工程力学, 1996, 13(2): 17-23.

[24] 彭友文. 碾压混凝土坝层面性态的正反分析模型研究[D]. 南京:河海大学, 2004.

[25] 朱金国. 碾压混凝土坝计算参数反演分析[D]. 南京:河海大学, 2005.

[26] 顾冲时, 雷鹏, 李云, 等. 碾压混凝土坝三维粘弹性分析模型研究[C]//第一届中国水利水电岩土力学与工程学术讨论会论文集. 昆明. 2006.

[27] 方海挺. 碾压混凝土坝层面力学行为及性态研究[D]. 南京:河海大学,

2006.

[28] 黄光明，李云，朱金国. 碾压混凝土坝层面影响带粘弹性参数的确定[J]. 武汉大学学报(工学版)，2008，41(3)：55-59.

[29] 周兰庭，顾冲时. 碾压混凝土坝施工层面等效变形参数推算[J]. 水电能源科学，2009，27(4)：77-80.

[30] 刘海成，高仁超，宋玉普，等. 碾压混凝土拱坝等效本构模型研究[J]. 水力发电，2003，29(5)：10-13.

[31] 吴相豪，赵江倩. 碾压混凝土坝层面渗流对坝体渗流场的影响[J]. 南昌水专学报，2001，20(2)：1-5.

[32] 顾冲时，程乐群，李婷婷. 探讨碾压混凝土坝薄层单元有限元分析法[J]. 计算力学学报，2004，21(6)：718-721.

[33] Gu C S, Wei B W, Xu Z K, et al. Fluid-solid coupling model based on endochronic damage for Roller Compacted Concrete dam[J]. Journal of Central South University，20(11)：3247-3255.

[34] 彭友文，吴中如. RCC 坝双向异弹模对位移的影响[J]. 水力发电，2005，31(1)：24-26.

[35] 朱岳明，秦宾，张建斌，等. 基于生长单元网格浮动的碾压混凝土坝温度场分析[J]. 河海大学学报(自然科学版)，2002，30(5)：28-32.

[36] 朱岳明，龚道勇，章洪，等. 碾压混凝土坝渗流场分析的缝面渗流平面单元模拟法[J]. 水力学报，2003(3)：63-68.

[37] 王建江，陆述远，魏锦萍. RCCD 温度应力分析的非均匀单元方法[J]. 力学与实践，1995，17(3)：41-44.

[38] Chen Y L，Wang C J，Li S Y，et al. Simulation analysis of thermal stress of RCC dams using 3-D finite element relocating mesh method[J]. Advances in Engineering Software，2001， 32：677-682.

[39] 张明霞. 碾压混凝土坝有孔坝段三维有限元浮动网格法仿真计算研究[D]. 西安：西安理工大学，2007.

[40] 王建江. 碾压混凝土坝温度和温度应力的非均质单元法三维仿真分析[D]. 武汉：武汉水利电力大学，1995.

[41] Zhong G l，Cui B， Zhong D H. Auto identification of rolling layers in Roller Compacted Concrete dam[J]. Trans. Transactions of Tianjin University，2011，17：376-380.

[42] 朱伯芳. 多层混凝土结构仿真应力分析的并层算法[J]. 水力发电学报，1994

(3):21-30.
[43] Zienkiewicz O C, Best B, Dullage C, et al. Analysis of nonlinear problems in rock mechanics with particular reference to jointed rock systems[C]. International society for rock mechanics. Belgard. 1970.
[44] Desai C S, Zaman M M, Lightner J G, et al. Thin-layer element for interfaces and joints[J]. International Journal for Numerical and Analytical Methods in Geomechanics, 1984, 8(1):19-43.
[45] Desai C S, Nagaraj B K. Modeling for cyclic normal and shear behavior of interfaces[J]. Journal of Engineering Mechanics, 1988, 114(7):1198-1217.
[46] Sharma K G. Analysis and implementation of thin-layer element for interfaces and joints[J]. Journal of Engineering Mechanics, 1992, 118(12):2442-2462.
[47] Gu Chongshi, Wu Yuan, Su Huaizhi, et al. A new method of estimating the equivalent elastic modulus of RCCD[J]. Science in China(series E), 2007, z1:136-143.
[48] 李克亮. 碾压混凝土高拱坝温度场和温度徐变应力场的并层非均匀单元法三维有限元分析[D]. 南京:南京水利科学研究院, 2000.
[49] 姜福田. 碾压混凝土[M]. 北京:中国铁道出版社, 1991.
[50] Kenneth D. Hansen, William G. Reinhardt, William Reinhardt. Roller-Compacted Concrete dams[M]. New York: McGraw-Hill Companies, 2000.
[51] 杨华全, 任旭华. 碾压混凝土的层面结合与渗流[M]. 北京:中国水利水电出版社, 1999.
[52] 张仲卿. 碾压混凝土拱坝[M]. 北京:中国水利水电出版社, 2002.
[53] Banthia N, Pigeon M, Marchand J, et al. Permeability of Roller Compacted Concrete[J]. Journal of Materials in Civil Engineering, 1992, 4(1):27-40.
[54] Hazaree C, Wang K, Ceylan H, et al. Capillary Transport in RCC: Water-to-Cement Ratio, Strength, and Freeze-Thaw Resistance[J]. Journal of Materials in Civil Engineering, 2011, 23(8):1181-1191.
[55] 朱岳明, 袁翠平, 钱敏, 等. 碾压混凝土坝的渗流与控制(一)[J]. 红水河, 2004, 23(3):1-4.
[56] 朱岳明, 袁翠平, 钱敏, 等. 碾压混凝土坝的渗流与控制(二)[J]. 红水河, 2004, 23(4):4-7.
[57] 任旭华, 李浩钧, 夏颂佑, 等. 碾压混凝土坝的渗流特性与渗流控制[J]. 水力发电, 2000(3):22-26.

[58] 龚道勇,朱岳明. 碾压混凝土坝的渗流分析研究[J]. 水电能源科学,2002,20(2):23-25.

[59] 黄光明,李云,朱金国. 碾压混凝土坝渗流数值分析的等效均化方法[J]. 水电能源科学,2006,24(6):43-46.

[60] 王建全,陈尧隆. 碾压混凝土坝考虑异弹模效应的应力分析[J]. 陕西水力发电,2000,16(4):14-17.

[61] 侍克斌,牛景太,毛远辉. 碾压混凝土重力坝应力分析方法研究[J]. 人民黄河,2006,28(4):63-64.

[62] Zdiri M,Ben Q M, Abriak N E. Prediction and measurement of the elastic modulus of the RCC: Case of the low cement proportioning[J]. International Journal of Phsical Sciences,2007,2(12):331-339.

[63] 叶源新,刘光廷. 岩石渗流应力耦合特性研究[J]. 岩石力学与工程学报,2005,24(14):2518-2525.

[64] 王媛. 单裂隙面渗流与应力的耦合特性[J]. 岩石力学与工程学报,2002,21(1):83-87.

[65] 崔波. 裂隙岩体渗流应力耦合特性研究[D]. 武汉:武汉科技大学,2006.

[66] Majdalani J,Zhou C,Dawson C A. Two dimensional viscous flow between slowly expanding or contracting walls with weak permeability[J]. Journal of Biomechanics,2002,35(10):1399-1403.

[67] Lai Y M, Wu Z R,Zhu Y L,et,al. Nonlinear analysis for the coupled problem of temperature, seepage and stress fields in cold-region tunnels[J]. Tunnelling and Underground Space Technology,1998,13(4):435-440.

[68] Simon A,Collison A J C. Pore-water pressure effects on the detachment of cohesive stream-beds: Seepage forces and matric suction[J]. Earth Surface Processes and Landforms,2001,26(3):1421-1442.

[69] 刘万忠. 坝基深厚覆盖层渗流场与应力场非线性耦合研究[D]. 南京:河海大学,2005.

[70] 任旭华. 碾压混凝土坝的渗流和渗控、应力和稳定[D]. 南京:河海大学,1997.

[71] Gu C S, SU H Z,Zhou H. Study on coupling model of seepage-field and stress-field for RCCD[J]. Applied Mathematics and Mechanics,2005,26(3):25-32.

[72] 苏波. 碾压混凝土坝渗流场和应力场分析[D]. 西安:西安理工大学,2000.

[73] 柴军瑞,仵彦卿. 岩体渗流场与应力场耦合分析的多重裂隙网络模型[J]. 岩

石力学与工程学报,2000,19(6):712-717.

[74] Chai Junrui, Li Kanghong, Wu Yanqing, et al. Coupled seepage and stress fields in roller compacted concrete dam[J]. Communications in numerical methods in engineering, 2005, 21:13-21.

[75] 吴相豪. 高碾压混凝土拱坝原型正反分析模型研究[D]. 南京:河海大学, 2000.

[76] Cervera M, Oliver J, Prato T. Simulation of construction of RCC dams. Ⅱ: stress and damage[J], Journal of Structural Engineering-ASCE, 2000, 126(9): 1062-1069.

[77] Cervera M, Oliver J, Prato T. Simulation of construction of RCC dams. Ⅰ: temperature and aging[J], Journal of Structural Engineering-ASCE, 2000, 126(9): 1053-1061.

[78] Kuzmanovic V, Savic L, Mladenovic N. Computation of thermal-stresses and contraction joint distance of RCC dams[J]. Journal of Thermal Stress, 2013, 36(2): 112-134.

[79] Jaafar M S, Bayagoob K H, Noorzaei J, et al. Development of finite element computer code for thermal analysis of roller compacted concrete dams[C]. 7th International Conference on Computational Structures Technology, Lisbon, PORTUGAL, 2004.

[80] Malkawi A I H, Mutasher S A, Qiu T J. Thermal-structural modeling and temperature control of roller compacted concrete gravity dam[J]. Journal of Permance of Constructed Facilities, 2003, 17(4): 177-187.

[81] Li L C, Tang C A, Li G, et al. Numerical simulation of 3D hydraulic fracturing based on an improved Flow-Stress-Damage model and a parallel FEM technique [J]. Rock Mech Rock Eng, 2012, 45: 801-818.

[82] 柴军瑞. 龙滩碾压混凝土坝稳定渗流场与稳定温度场耦合分析[J]. 红水河, 2001, 20(1): 26-28.

[83] 刘学昆. 考虑多场耦合的碾压混凝土坝温度及应力数值模拟研究[D]. 天津:天津大学, 2012.

[84] 霍中艳. 水工混凝土结构裂缝扩展有限元分析与安全监控方法[D]. 南京:河海大学, 2012.

[85] 吴中如, 顾冲时, 吴相豪. 碾压混凝土坝安全监控理论及其应用[M]. 北京:科学出版社, 2001.

[86] 顾冲时,李波,徐宝松,等. 碾压混凝土坝渗漏安全监控模型建模方法研究[J]. 河海大学学报(自然科学版),2008,36(5):579-584.

[87] Chongshi Gu, Zhijun Zhang, Xin Cai, et al. Application of entropy-based fuzzy matter-element analysis in seepage monitoring of RCC dam[J]. Frontiers of Architecture and Civil Engineering in China, 2011, 5(1):105-111.

[88] 顾冲时,吴中如,等. 碾压混凝土坝安全诊断与预警的关键技术及其应用研究报告[R]. 南京:河海大学,2008.

[89] 张乾飞. 复杂渗流场演变规律及转异特征研究[D]. 南京:河海大学,2002.

[90] 娄一青. 碾压混凝土坝渗流演变特性及安全监控方法研究[D]. 南京:河海大学,2006.

[91] United States Bureau of Reclamation. Denver Office. Technical Service Center. Roller-Compacted Concrete: design and construction considerations for hydraulic structures[M]. Minnesota: U. S. Dept. of the Interior, Bureau of Reclamation, Technical Service Center, 2005.

[92] Jinsheng Jia. New progress on Roller Compacted Concrete dams[M]. Beijing: China WaterPower Press, 2007.

[93] Lachner R, Mang H A. Chemoplastic material model for the simulation of early-age cracking: From the constitutive law to numerical analyses of massive concrete structures[J]. Cement & Concrete Composites, 2004, 26(5):551-562.

[94] Bettencourt Ribeiro A C, Díez-Cascón J, Goncalves A E. Roller compacted concrete tensile strength of horizontal joints[J]. Materials and Structures, 2001, 34(7):413-417.

[95] Gama H R, Bandeira O M, Lacerda S S. RCC quality control applied in the structures of 1st and 2nd construction stages of the HPP Tucurui[C]. 4th International Symposium on Roller Compacted Concrete Dams, Madrid, Spain, 2003.

[96] Karimpour A. Effect of time span between mixing and compacting on Roller Compacted Comcrete(RCC) containing Ground Granulated Blast Furnace Slag(GGBFS)[J]. Constuction and Building Materials, 2010(24):2079-2083.

[97] Carvajal C, Peyras L, Bacconnet C, et al. Probability modelling of shear strength parameters of RCC gravity dams for reliability analysis of structural safety[J]. European Jouranal of Environmentaland and Civil Engineering, 2009, 13(1):91-119.

[98] Marques J, De Andrade W P, Ttaboulsi M A, et al. Horizontal construction joints

parameters[C]. 4th International Symposium on Roller Compacted Concrete Dams, Madrid, Spain,2003.

[99] 黄恩福,吴军华.拌合时间对碾压混凝土性能影响的试验研究[C]//庆祝坑口碾压混凝土坝建成二十周年暨龙滩200 m级碾压混凝土坝技术交流会.广西龙滩.2006.

[100] 曹楚生,武永新,杨天生. 微坍落度混凝土技术及其在碾压混凝土坝等工程中的应用[J].天津大学学报,2008,41(9):1078-1082.

[101] 胡建平. 提高碾压混凝土坝层面粘结性能的研究[D]. 武汉:武汉大学,2004.

[102] 王迎春. 碾压混凝土层面结合特性和质量标准研究[D]. 杭州:浙江大学,2007.

[103] 李波. 碾压混凝土坝力学参数渐变规律和层面综合分析方法研究[D]. 南京:河海大学,2010.

[104] Chongshi Gu, Guangming Huang, Daoping Lai. Analytic model of deformation of construction interfaces of rolled control concrete dam[J]. Applied Mathematics and Mechanics,2007,28(1):70-76.

[105] 牛景太,魏博文,彭友文.基于损伤理论的碾压混凝土坝层面影响带流变模型[J].水力发电,2012,38(8):44-47.

[106] 刘光廷,邱德隆.含横缝碾压混凝土拱坝的变形和应力重分布[J]. 清华大学学报(自然科学版),1996,36(1):20-26.

[107] 周兰庭,雷鹏,张松.扩展粗集模型在碾压混凝土坝变形分析中的应用[J].水电能源科学,2012,30(12):84-86.

[108] Noorzaei J, Bayagoob K H, Abdulrazeg A A, et al. Three dimendional nonlinear temperature and structural analysis of roller compacted concrete dam[J]. CMES,2009,47(1):43-60.

[109] Kartal M E. Three-dimensional earthquake analysis of roller-compacted concrete dams[J]. Natural Hazards and Earth System Sciences, 2012,12(7):2369-2388.

[110] Nonaka M, Oomoto I, Yamamoto C, et al. Behaviour analysis of RCD dam body [C]. 4th International Symposium on Roller Compacted Concrete Dams. Madrid, Spain,2003.

[111] Arici Y, Binici B, Aldemir A. Comparison of the expected damage patterns from two-and three-dimensional nonlinear dynamic analyses of a roller compacted

concrete dam[J]. Structure and Infrastructure Engineering,2014,10(3):305-315.

[112] 顾冲时,李云,宋敬衖. 碾压混凝土坝变形安全监控模型研究[J]. 计算力学学报,2010,27(2):286-290.

[113] 程乐群,陈龙,顾冲时. 碾压混凝土坝变形监控模型研究[J]. 水电能源科学,2008,26(1):7-10.

[114] 杨为城,张治军,陈龙. 碾压混凝土坝变形监测熵权模糊物元模型研究[J]. 水电能源科学,2009,27(1):6-8.

[115] Lin Cheng, Dongjian Zheng. Two online dam safety monitoring models based on the process of extracting environmental effect[J]. Advances in Engineering Software,2013,(57):48-56.

[116] 谷艳昌,何鲜峰,郑东健. 基于蒙特卡罗方法的高拱坝变形监控指标拟定[J]. 水利水运工程学报,2008(1):14-19.

[117] 丛培江,顾冲时,谷艳昌. 大坝安全监控指标拟定的最大熵法[J]. 武汉大学学报(信息科学版),2008,33(11):1126-1129.

[118] 雷鹏. 混凝土坝变形安全监控指标的拟定方法研究[D]. 南京:河海大学,2008.

[119] 李占超,侯会静. 基于运动稳定性理论的大坝安全监控指标[J]. 武汉大学学报(工学版),2010,43(5):581-584.

[120] 郭海庆,吴相豪,吴中如,等. 应用两场耦合的粘弹性有限元拟定碾压混凝土坝的变形监控指标[J]. 工程力学增刊,2001,852-856.

[121] 吴相豪,吴中如. 碾压混凝土坝变形一级监控指标的拟定方法[J]. 水利水电技术,2004,35(9):136-138.

[122] 吴相豪. 探讨碾压混凝土坝变形二级监控指标的拟定方法[J]. 水电能源科学, 2005,23(5):64-66.

[123] 汤丽慧. 碾压混凝土坝安全监控指标的拟定方法[D]. 南京:河海大学,2008.

[124] Bingham W B, Holderbaum R E, Schweiger P G. Facing systems for Roller Compacted Concrete Dams[C]. 1998 ASDSO Annual Conference Dam Safety 98. Las Vegas, NV. 1998.

[125] Peyras L,Carvajal C, Felix H,et al. Probability-based assessment of dam safety using combined risk analysis and reliability methods-application to hazards studies[J]. European Journal of Environmental and Civil Engireeing,2012,16(7),

795-817.

[126] Chevva K,Shirke J M, Ghosh N. Assessment of concrete quality using non-destructive techniques, Ghatghar project, Maharashtra, India[J]. Bulletin of Engineering Geology and the Environment,2008,67(1):65-70.

[127] Fedosov V E,Kogan E A,De Almeida,M T. Physical and mechanical properties of Roller Compacted Concrete in Capanda dam basing on core samples testing [C]. 4th International Symposium on Roller Compacted Concrete Dams. Madrid, Spain. 2003.

[128] Schrader, E K. Performance of Roller Compacted Concrete (RCC) dams-an honest assessment[C]. 4th International Symposium on Roller Compacted Concrete Dams. Madrid, Spain. 2003.

[129] 刘保碇,彭锦. 不确定理论教程[M]. 北京:清华大学出版社,2007.

[130] Zheng G Z,Jing Y Y,Huang H X,et al. Application of Life Cycle Assessment (LCA) and extenics theory for building energy conservation assessment[J]. Energy,2009,34(11):1870-1879.

[131] 蔡文,杨春燕,陈文伟,等. 可拓集与可拓数据挖掘[M]. 北京:科学出版社,2008.

[132] Greco S,Matarazzo B,Slowinski R. Rough sets theory for multicriteria decision analysis[J]. European Journal of Operational Research,2001,129(1):1-47.

[133] Pawlak Z. Rough sets: theoretical aspects of reasoning about data[M]. Dordrecht:Kluwer Academic publishers,1991.

[134] 邓聚龙. 灰色系统理论教程[M]. 武汉:华中理工大学出版社,1990.

[135] Wang P,Yang S Y. A new diagnosis approach for handling tolerance in analog and mixed-signal circuits by using fuzzy math[J]. IEEE Transactions on Circuits and Systems I-Regular Papers,2005,52(10):2118-2127.

[136] Harris J. Fuzzy logic applications in engineering science [M]. Dordrecht: Spring Press,2009.

[137] Miller R L,Brickman P,Bolen D. Attribution versus persuasion as a means for modifying behavior[J]. Journal of Personality and Social Psychology,1975,31(3):430-470.

[138] 李群. 不确定性数学方法研究及其在经济管理中的应用[D]. 大连:大连理工大学,2002.

[139] 陈龙,吴中如,顾永明. 碾压混凝土坝层内力学参数渐变分析模型[J]. 水利

学报,2006,37(3):325-330.
[140] 李建成,曾力,何蕴龙,等. Hardfill 筑坝材料配合比试验研究[J]. 水力发电学报,2010,29(2):216-220.
[141] 聂国胜,余菁. 浅谈施工中常用的振动碾[J]. 水利水电技术,2003,34(10):60-61.
[142] 刘俊岭,缪鹏程. 宝马振动碾在水布垭大坝碾压中的应用[J]. 科技创业月刊,2008(7):150-151.
[143] 徐玉杰. 碾压混凝土坝施工技术与质量控制[M]. 郑州:黄河水利出版社,2008.
[144] 李春敏,刘树坤. 黄花寨水电站碾压混凝土坝大厚层现场试验成果及启示[J]. 水利水电技术,2007,38(4):39-47.
[145] 李春敏,刘树坤. 黄花寨水电站碾压混凝土现场试验成果及启示[J]. 建筑机械(上半月),2008(3):26-34.
[146] 刘秉京. 混凝土技术[M]. 北京:人民交通出版社,2004.
[147] 陈春鸣,祝方才,杨越, 等. 改进的粗粒土渗流试验研究[J]. 湖南工业大学学报,2013,27(3):27-30.
[148] 李晓磊. 一种新型的智能优化算法——人工鱼群算法[D]. 杭州:浙江大学,2003.
[149] 俞洋,殷志峰,田亚菲. 基于自适应人工鱼群算法的多用户检测器[J]. 电子与信息学报,2007,29(1):121-124.
[150] 孙亮. 龙华河碾压混凝土重力坝三维渗流场分析与渗控措施研究[D]. 北京:清华大学,2008.
[151] 关新强. 特高碾压混凝土重力坝渗流特性及渗控措施研究[D]. 南京:河海大学,2007.
[152] 张有天. 碾压混凝土重力坝的渗流问题[R]. 北京:中国水利科学研究院报告,1993.
[153] Chen X D, Gu C S, Chen H N. Early warning of dam seepage with cooperation between principal component analysis and least squares wavelet support vector machine[J]. Fresenius Environmental Bulletin,2013,22(2A):500-507.
[154] 朱学锋,韩荣阁,杨若红. 基于模糊预测系统的观测数据野值剔除方法[J]. 系统工程与电子技术, 2006, 28(3): 478-482.
[155] Shuhaida I, Ani S, Ruhaidah S. A hybrid model of Self-Organizing Maps (SOM) and Least Square Support Vector Machine(LSSVM) for time-series for-

casting. Expert Systems with Applications, 2011,38:10574-10578.
[156] 庄哲民,李卡麟,张新蜂, 等.用于早期火灾分类的非线性决策树支持向量机[J].火灾科学,2009,18(4):206-211.
[157] Zavar M,Rahati S,Akbarzadeh T,et al. Evolutionary model selection in a wavelet-based support vector machine for automated seizure detection[J]. Expert Systems with Applications,2011,38:10751-10758.
[158] 徐洪钟.大坝动力系统的安全监控非线性分析模型研究[D]. 南京:河海大学,2001.
[159] 钱镜林,张晔.大坝渗流观测数据中的混沌现象[J].水利与建筑工程学报,2005,3(4):36-38.
[160] 朱禹.混沌理论预测模型研究及其在大坝安全监测中的应用[D]. 西安:西安理工大学,2011.
[161] Grassberger P. Grassberger-Procaccia algorithm[J]. Scholarpedia,2007,2(5):3043.
[162] Fischer P, William R,Smith. Chaos, fractals, and dynamics[M]. New York: M. Dekker,1985.
[163] Milo SMarek,lgor Schreiber. Chaotic behavior of deterministic dissipative systems[M]. England: Cambridge University Press,1991.
[164] 陈进.基于混沌理论的铅锌市场演化规律与可持续发展预警研究[D]. 长沙:中南大学,2010.
[165] 沈振中.三峡大坝和基岩施工期变形分析及其反分析模型[D]. 南京:河海大学,1995.
[166] 吴中如.水工建筑物安全监控理论及其应用[M]. 北京:高等教育出版社,2003.
[167] 赖道平,吴中如,周红.分形学在大坝安全监测资料分析中的应用[J]. 水利学报,2004(1):1-5.
[168] 金永强.分形学在大坝监测数据处理中的应用[J]. 合肥工业大学学报,2006,29(11):1430-1432.
[169] 李波,骆进军,远近,等.分形理论在大坝安全监测中的应用[J]. 三峡大学学报,2009,31(1):34-36.
[170] Hurst H E. Methods of using long-term storage in reservoirs[J]. ICE Proceedings,1956,5(5):519-543.
[171] 陶涛,刘遂庆.基于分形理论的需水量预测方法[J].同济大学学报(自然科

学版),2004,32(12):1647-1650.
[172] 王刚. 基于非线性分形理论的资本市场预测方法研究[D]. 天津:天津大学,2002.
[173] 李翔,关勇,乔艳芳. 基于分形理论的电力负荷持久性分析及预测[J]. 电网技术,2006,30(16):84-88.
[174] 刘成栋. 大坝安全评价的多因素赋权分析方法及其应用研究[D]. 南京:河海大学,2004.
[175] 马福恒. 病险水库大坝风险分析与预警方法[D]. 南京:河海大学,2006.
[176] 胡启洲. 区间数理论的研究及其应用[M]. 北京:科学出版社,2010.
[177] 陈骥. 基于区间数的综合评价问题研究[D]. 杭州:浙江工商大学,2010.
[178] 徐泽水,达庆利. 区间数排序的可能度法及其应用[J]. 系统工程学报,2003,18(1):67-70.
[179] 孙昭旭,韩敏. 不完全信息下的群体多属性决策方法[J]. 系统工程与电子技术,2007,29(7):1098-1111.
[180] 张吉军. 区间数的排序方法研究[J]. 运筹与管理,2003,12(3):18-22.
[181] 徐泽水. 模糊互补判断矩阵排序的一种算法[J]. 系统工程学报,2001,16(4):311-315.
[182] 谢全敏,夏元友. 边坡治理决策的改进层次结构模型及其应用[J]. 岩土工程学报,2002,24(1):86-88.
[183] Satty T L. The analytic hierarchy process[M]. New York:Mcgraw-Hill,Inc,1980.
[184] 顾冲时,郑东健,苏怀智,等. 龙滩高碾压混凝土重力坝工作性态和安全性评价研究[R]. 南京:河海大学,南京河海科技有限公司报告,2010.
[185] 冯树荣,罗俊军,石青春,等. 龙滩高碾压混凝土坝设计关键技术研究综述[C]. 第五届碾压混凝土坝国际研讨会,贵阳,2007.